Dreamweaver CS6
网页制作案例教程

张庆玲 刘素芬 主 编

陆 洲 韩耀坤 王万丽 副主编

U0229874

清华大学出版社

北 京

内 容 简 介

本书以"校企合作"开发校本教材为指导思想,在编写过程中,遵循网页设计与制作的工作流程,选用真实项目和典型工作任务为教学内容,选用不同类型网站的制作技巧和实战经验,以培养读者网页设计与制作的职业素养和职业技能为目标,对网页设计的理念和网页制作软件的应用进行了翔实的介绍。

本书共7章,包括 Dreamweaver CS6 简介,网站的规划与创建,在网页中添加各种对象,使用表格规划布局网页,使用模板和库,上传、管理和维护站点,综合实例。共7个项目:Dreamweaver CS6 的安装、卸载和启动,某高校精品课程网站——网站的规划与创建,制作个人网站——在网页中添加各种对象,制作花卉网——使用表格规划布局网页,某高校精品课程网站——模板和库的应用,某高校精品课程网站——站点测试并上传,学院某门精品课程网站设计与制作。

本书内容丰富、案例真实、步骤清楚,注重实践技能的培养,可以帮助读者快速、全面地学习,提高操作技能。本书适合作为高等职业院校和高等院校的多媒体设计与制作、计算机艺术设计、计算机应用、计算机网络等专业的教材,也可作为网页设计与制作培训班的教材,还可作为网页设计爱好者的自学用书。

图书在版编目(CIP)数据

Dreamweaver CS6 网页制作案例教程/张庆玲,刘素芬主编.--北京:清华大学出版社,2015
高职高专计算机专业精品教材
ISBN 978-7-302-40816-1

Ⅰ.①D… Ⅱ.①张… ②刘… Ⅲ.①网页制作工具-高等职业教育-教材 Ⅳ.①TP393.092

中国版本图书馆 CIP 数据核字(2015)第 163117 号

责任编辑:王剑乔
封面设计:常雪影
责任校对:刘 静
责任印制:宋 林

出版发行:清华大学出版社
      网 址:http://www.tup.com.cn,http://www.wqbook.com
      地 址:北京清华大学学研大厦 A 座 **邮 编:**100084
      社 总 机:010-62770175 **邮 购:**010-62786544
      投稿与读者服务:010-62776969,c-service@tup.tsinghua.edu.cn
      质 量 反 馈:010-62772015,zhiliang@tup.tsinghua.edu.cn
      课 件 下 载:http://www.tup.com.cn,010-62795764
印 装 者:三河市少明印务有限公司
经 销:全国新华书店
开 本:185mm×260mm **印 张:**9.75 **字 数:**218 千字
版 次:2015 年 12 月第 1 版 **印 次:**2015 年 12 月第 1 次印刷
印 数:1~2000
定 价:26.00 元

产品编号:065821-01

前　言

随着网络技术和 Internet 应用的高速发展,网页设计与制作已经成为网络技术的重要内容之一,社会上对网页设计与制作人员的需求也越来越多。目前大部分网页的制作是通过网页制作软件实现的,其中 Dreamweaver 是当前最流行的网页制作软件。本书采用 Dreamweaver CS6 版本进行相关知识、技能的讲解。

根据高职院校计算机专业教学任务以及技能大赛、培训等的要求,现在使用的教材及参考资料主要有《网页制作教程》《Dreamweaver CS6 入门与提高》《中文版 Dreamweaver 案例教程》《网页制作案例集》这四本书,由于需求的知识点比较分散,给教师备课、讲课带来很大的不便,而且还有一些知识点在这些书里没有涉及。为此,我们编写了这本集"教、学、做"于一体的教材。

本书最大的特点是采用"项目驱动法"编写方式,每个项目包含项目描述、项目分析、项目实施、项目总结、项目考核等部分,涵盖了 HTML 语言、网站基本术语、网页配色、网页版式、网页中添加多媒体对象、添加超链接、表格布局、模板库、表单、特效、行为以及网站测试与上传等知识点。通过具体项目的制作,可以实现相应的教学目标,使读者具备岗位专业知识与职业技能,以达到重点难点巩固、理论结合实际的效果。全书共 7 章,包括 Dreamweaver CS6 简介,网站的规划与创建,在网页中添加各种对象,使用表格规划布局网页,使用模板和库,上传、管理和维护站点,综合实例。本书结构合理,层次分明,详略得当。

本书的参考学时是 112 学时。各章节的参考学时参见如下页所示的学时分配表,建议在学习了《计算机网络技术》《网络操作系统》等课程之后再开设此课程。

本课程是一门实践性很强的课程,建议在讲授网页制作时,应注重培养学生的动手能力,尽量提供配置完备的网络实训环境、丰富的素材,让学生在轻松的学习中掌握相关技能。通过实训,以项目驱动的方式使学生掌握网页制作的基本技能。

本书由包头轻工职业技术学院的张庆玲、刘素芬任主编,陆洲、韩耀坤、王万丽任副主编,刘际平任主审。张庆玲编写了第 1～第 3 章,刘素芬编写了第 4～第 6 章,陆洲、韩耀坤、王万丽编写了第 7 章。包头市达茂旗农牧业局农广校张庆香、内蒙古科技大学苏楷晨、包头轻工职业技术学院的王宏斌、李靖、马哲等参与了本书部分章节的编写工作。

学时分配表

序号	章 节	课程内容与要求	活 动 设 计	参考课时
1	Dreamweaver CS6 简介	1. 网页的基础知识 2. Dreamweaver CS6 的基础知识 3. 项目——Dreamweaver CS6 的安装、卸载和启动 要求：了解主页、网页和网站的概念；通过网页赏析，学生应该对网页的基本元素有初步印象；学会 Dreamweaver CS6 的安装、卸载和启动	1. 让学生欣赏国内外比较优秀的网站，以此来激发学生学习网页设计的兴趣 2. 学习 Dreamweaver CS6 的安装、卸载和启动	8
2	网站的规划与创建	1. 网页制作基础知识 2. 网站的设计流程 3. 项目：某高校精品课程网站——网站的规划与创建 要求：了解网页的设计原则、设计构思、布局以及配色；掌握制作网站规划书、网站栏目结构、网站目录结构的方法；规划与创建某高校精品课程网站	1. 通过网页赏析，让学生了解网站设计流程（分组完成网页规划流程图） 2. 对用户进行需求分析，了解用户所需并搜集用户端数据，制订实施方案 3. 规划与创建某高校精品课程网站	16
3	在网页中添加各种对象	1. 设置页面属性 2. 添加文本内容、列表项目、超链接 3. 添加图像、各种动画 4. 添加音频、视频播放功能 5. 项目：制作个人网站——在网页中添加各种对象 要求：学生通过制作个人网站，掌握在网页中添加各种对象的方法	1. 搜集资料及素材并归类 2. 对网页中的文本、图像、Flash 动画、背景音乐等素材进行加工整理并填充到网页中 3. 对网页中的导航及文本、图片进行超级链接的操作，实现网页的跳转	24
4	使用表格规划布局网页	1. 网页布局基础知识 2. 表格 3. 项目：制作花卉网——使用表格规划布局网页 要求：了解网页布局的基础知识；学会使用表格规划网页	1. 创建表格 2. 编辑表格 3. 使用表格规划布局网页	8
5	使用模板和库	1. 使用模板创建网页 2. 修改模板与更新页面 3. 创建表单 4. 创建、管理和编辑库项目 5. 项目：某高校精品课程网站——模板和库的应用 要求：学会创建和编辑模板，能够使用模板创建网页；掌握创建表单的方法；学会创建、管理和编辑库项目	1. 创建、编辑模板 2. 创建基于模板的网页 3. 更新基于模板的网页 4. 创建、管理和编辑库项目 5. 在某高校精品课程网站中应用模板和库	16

续表

序号	章　节	课程内容与要求	活动设计	参考课时
6	上传、管理和维护站点	1. 测试、上传、管理、维护站点 2. 项目：某高校精品课程网站——站点测试并上传 要求：通过"某高校精品课程"网站站点的测试并上传，理解并掌握上传、管理站点的方法	1. 测试整个网页链接的有效性，完成测试后发布网页 2. 做后期的管理与维护，实现页面数据的更新	16
7	综合实例	1. 网站策划 2. 制作首页及二级页面效果图 3. 网站制作 4. 网站测试、发布 要求：综合前面各章节的知识点，制作完整的网页，系统掌握网站建设的全过程，具备网站开发和网页制作与管理的实际能力	1. 书写网站规划书 2. 创建站点 3. 制作网站首页及二级页面 4. 测试网站 5. 发布网站	24
		总课时数		112

在此，特别感谢张建军、刘际平副教授以及赵志茹、刘涛、王慧敏等老师对本书提出的宝贵意见。由于编者水平有限，书中不足和疏漏之处，恳请读者批评指正！

编　者
2015 年 10 月

目 录

第 1 章　Dreamweaver CS6 简介

Dreamweaver CS6 是一款专业的网页制作软件，具有简单易学、操作方便以及适用于网络等优点。通过对 Dreamweaver CS6 的学习，即使没有任何网页制作经验的用户，也能很容易制做出精美的网页。本章主要介绍了网页的基本概念、网页的元素，以及 Dreamweaver CS6 的新增特色功能和工作环境等。

教学目标

1. 了解网页制作的基础知识。
2. 理解网页和网站的概念。
3. 了解网页的元素。
4. 了解 Dreamweaver CS6 的基础知识。
5. 了解 Dreamweaver CS6 的工作环境。

1.1　网页的基础知识

随着互联网的迅猛发展，网络已经逐渐成为人们工作和生活中不可缺少的一部分。通过网络，可以获取、交换和存储连接到网络上的各计算机上的信息。网络上存放信息和提供服务的地方就是网站。

1.1.1　主页、网页和网站的概念

主页（Home Page）就是打开某个网站时显示的第一个网页，被称为网站的主页（或首页）。一般，主页是一个网站中最重要的网页，也是访问最频繁的网页。它是一个网站的标志，体现了整个网站的制作风格和性质。主页上通常会有整个网站的导航目录，所以主页也是一个网站的起点或主目录。网站的更新内容一般都会在主页上突出显示。

网页（Web）是网站上的某一个页面。它是一个纯文本文件，是向浏览者传递信息的载体，以超文本和超媒体为技术，采用 HTML、CSS、XML 等语言描述组成页面的各种元素，包括文字、图像、音乐等，并通过客户端浏览器进行解析，从而向浏览者呈现网页的各种内容。

网站（Web Site）是指在互联网上，根据一定的规则，使用 HTML 等工具制作的用于展示特定内容的相关网页集合。它建立在网络基础之上，以计算机、网络和通信技术为依托，通过一台或多台计算机向访问者提供服务。平时所说的访问某个站点，实际访问的是提供这种服务的一台或多台计算机。

1.1.2 网页的基本元素

网页是一个纯文本文件,它是通过 HTML、CSS 等脚本语言对页面元素进行标识,然后由浏览器自动生成的页面。构建网页的基本元素主要包括站标、导航栏、广告条、标题栏,还有文本、图像、声音、动画、视频等,如图 1-1 所示。

图 1-1 网页的基本元素

1. 站标

站标也叫 Logo,是网站的标志,也是网站特色和内涵的集中体现。它一般会出现在网站的每一个页面上,是网站给人的第一印象。网站的标志如同商标一样,其作用是使人看见它,就能够联想到网站和企业。因此,网站 Logo 通常采用企业的 Logo。

2. 导航栏

导航栏是一组链接到网站内主要页面的超链接组合,一般由多个按钮或者多个文本超链接组成,通过单击这些超链接可以轻松打开网站中的各个页面。

常见的网站导航有横排导航、竖排导航、下拉菜单式导航等。

3. 广告条

广告条又称 Banner,其功能是宣传网站或为其他商品做广告。在制作 Banner 时,有以下几点需要注意。

(1) Banner 可以是静态的,也可以是动态的。

(2) Banner 的体积不宜过大,尽量使用 GIF 格式图片与动画或 Flash 动画。

(3) Banner 中的文字不要太多,只要达到一定的提醒效果就可以。

(4) Banner 中图片的颜色不要太多,尤其是 GIF 格式的图片或动画。

4. 标题栏

此处的标题栏不是指整个网页的标题栏,而是网页上各版块的标题栏,是各版块内容的概括。它使网页内容的分类更加清晰明了。

1.1.3　网页的布局元素

网页中的 div、表格、框架、表单、超链接等布局元素把网页的基本元素有序地组合起来。下面进行简单介绍。

1. div

div 主要用于网页内容的布局，是网页制作时不可缺少的元素，使用 div＋CSS 布局可以实现网页元素的精确定位。

2. 表格

现在使用表格布局的网页虽然少了，但它依然是网页布局中不可缺少的元素之一，常用于组织数据信息和列表信息等，如用户数据、统计信息。

3. 框架

框架是网页的一种组织形式，使用它可以将相互关联的多个网页组织在一个浏览器窗口中显示。框架是由框架集和多个框架组成的，现在较少使用。

4. 表单

表单可用于收集访问者信息或实现一些交互效果。访问者填写表单的方式是输入文本、单击按钮或复选框、从下拉菜单中选择选项等。一般使用表单的情况都需要建立数据库，以将信息提交到数据库，或从数据库中读取信息显示到页面。最常用的"登录"和"注册"页面就是用表单实现的，如图 1-2 所示。

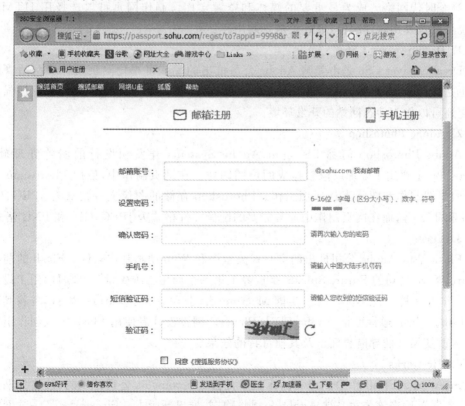

图 1-2　搜狐邮箱的注册页

5. 超链接

超链接是网站最重要的组成部分,是从一个网页指向另一个目的端的链接,指向要访问的目标文档或其他元素,从而使浏览者可以从一个页面跳转到另一个页面,或执行其他操作。

超链接可以指向另一个网页,也可以指向相同网页上的不同位置,还可以指向一个图片、一个电子邮件地址或一个文件等。而在网页中用来设置超链接的对象,可以是一段文本或一个图片,当浏览者单击已经链接的文本或图片时,链接目标将显示在浏览器中,并根据目标的类型打开或运行。

1.1.4 网页的常见类型

目前,常见的网页有静态网页和动态网页两种。静态网页的 URL 通常以 .htm、.html、.shtml、.xml 等为后缀,而动态网页的 URL 一般以 .asp、.jsp、.php、.perl、.cgi 等为后缀。除此以外,还要用到图像文件(扩展名为 .jpg、.png、.gif 等)、Flash 动画文件(扩展名为 .swf)、脚本文件(扩展名为 .js)、样式文件(扩展名为 .css)以及视频文件(扩展名为 .avi、.flv 等)等。在浏览器中选择"文件"→"另存为"命令,将网页保存到磁盘中,便可看到网页的组成文件。

1.1.5 网页制作相关软件

当今时代网络已成为最重要的媒体和资源宝库。制作网页可以选择用 HTML 代码,也可以选择用软件编辑,最好是两者兼用。

1. Dreamweaver CS6

Dreamweaver CS6 是由美国 Adobe 公司推出的一款可视化网页设计和网站管理软件,也是目前最常用的网站管理和网页制作软件,其功能全面、操作灵活、专业性强。另外,它还可以作为动态网站的开发环境。

2. Adobe Photoshop

Adobe Photoshop 简称 PS,是由 Adobe Systems 开发和发行的图片处理软件。Photoshop 主要用于处理以像素构成的位图图像。在网页制作中,使用 Photoshop 可以完成效果图制作和图片素材处理工作。Photoshop 存储的图像文件格式有 JPEG、GIF、PNG 和 TIF 等,而在网页制作中通常需要的图像文件格式为 JPEG、GIF 和 PNG 格式。

3. Flash

Flash 是由 Adobe 公司推出的交互式矢量图和 Web 动画制作软件。Flash 的前身是 Future Wave 公司的 Future Splash,是世界上第一个商用二维矢量动画软件,用于设计和编辑 Flash 文档。1996 年 11 月,美国 Macromedia 公司收购了 Future Wave,并将其改名为 Flash。Flash 通常也指 Adobe Flash Player。网页设计者使用 Flash 可以创作出既漂亮又可改变尺寸的导航界面以及其他奇特的效果。

4. Fireworks

Fireworks、Flash 和 Dreamweaver 最早是由 Macromedia 公司开发的,被称为网页制作"三剑客",后来该公司又被 Adobe 公司收购,并推出新版本。Fireworks 是一款网页作图软件,可以加速 Web 设计与开发,是一款创建与优化 Web 图像和快速构建网站与 Web 界面原型的理想工具。Fireworks 不仅具备编辑矢量图形与位图图像的灵活性,还提供了一个预先构建资源的公用库,Adobe Photoshop、Adobe Illustrator、Adobe Dreamweaver 及 Adobe Flash 软件省时集成。

5. 其他软件

(1) SWFText。

SWFText 是一款非常棒的 Flash 文本特效动画软件,可以制作超过 200 种不同的文字效果和 20 多种背景效果,可以完全自定义文字属性,包括字体、大小、颜色等,使用 SWFText 完全不需要任何 Flash 制作知识就可以轻松做出专业的 Flash 广告条和个性签名。

(2) Ulead GIF Animator。

友立公司出版的动画 GIF 制作软件,内建的 Plugin 有许多现成的特效可以立即套用,可将 AVI 文件转成动画 GIF 文件,而且还能将动画 GIF 图片最佳化,能将放在网页上的动画 GIF 图片"减肥",以便让人更快速地浏览网页。

1.2　Dreamweaver CS6 的基础知识

Dreamweaver 系列软件集合了网页制作和网站管理于一身的"所见即所得"的网页制作软件,它强大的功能和清晰的操作界面备受广大网页设计者的欢迎。Dreamweaver CS6 作为 Dreamweaver 系列中的最新版本,在增强了面向专业人士的基本工具和可视技术外,同时提供了功能强大、开放式且基于标准的开发模式,可以轻而易举地制作跨平台和浏览器的动感效果网页。

1.2.1　Dreamweaver CS6 简介

Dreamweaver CS6 是 Adobe 公司最新推出的网页制作软件,用于对网站、网页和 Web 应用程序进行设计、编码和开发,广泛用于网页制作和网站管理。

1.2.2　Dreamweaver CS6 的新增功能

1. 可响应的自适应网格版面

使用响应迅速的 CSS3 自适应网格版面创建跨平台和跨浏览器的兼容网页设计。利用简洁、业界标准的代码为各种不同设备和计算机开发项目,提高工作效率。直观地创建复杂网页设计和页面版面,无须编写代码。

2. 改善的 FTP 性能

利用重新改良的多线程 FTP 传输工具,可节省上传大型文件的时间,更快速、高效地上传网站文件,缩短制作时间。

3. Adobe Business Catalyst 集成

使用 Dreamweaver 中集成的 Business Catalyst 面板连接,并编辑利用 Adobe

Business Catalyst 建立的网站。

4. 增强型 jQuery 移动支持

使用更新的 jQuery 移动框架支持为 iOS 和 Android 平台建立本地应用程序。建立触及移动大众的应用程序,同时简化移动开发工作流程。

5. 更新的 PhoneGap 支持

更新的 Adobe PhoneGap 支持,可轻松为 Android 和 iOS 建立和封装本地应用程序。通过改编现有的 HTML 代码创建移动应用程序,使用 PhoneGap 模拟器检查设计。

6. CSS3 转换

将 CSS 属性变化制成动画转换效果,使网页设计栩栩如生。在处理网页元素和创建优美效果时保持对网页设计的精准控制。

7. 更新的"实时视图"

使用更新的"实时视图"功能在发布前测试页面。"实时视图"现已使用最新版的 WebKit 转换引擎,能够提供绝佳的 HTML 5 支持。

8. 更新的多屏幕预览面板

利用更新的"多屏幕预览"面板检查智能手机、平板电脑和台式机建立项目的显示画面。该增强型面板能够检查 HTML 5 内容呈现。

1.2.3 Dreamweaver CS6 的工作界面

Dreamweaver CS6 的工作界面秉承了 Dreamweaver 系列产品一贯的简洁、高效和易用性,大多数功能都能在工作界面中很方便地找到。其工作界面主要由"文档"窗口、"文档"工具栏、菜单栏、面板组、"属性"面板和状态栏组成,如图 1-3 所示。

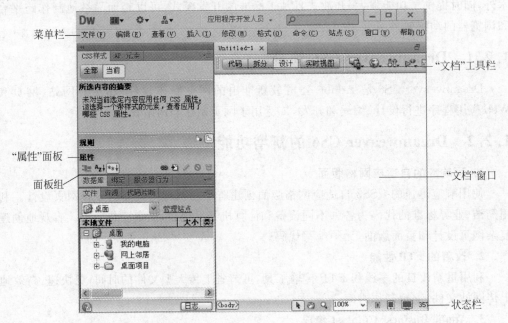

图 1-3 Dreamweaver CS6 的工作界面

6

Dreamweaver CS6 是一款专业的网页制作软件,可以制作单独的网页文件,但制作网页的根本目的是构建一个完整的网站。Dreamweaver 既是一个网页的创建和编辑工具,又是一个站点创建和管理的工具。

1.3　项目：Dreamweaver CS6 的安装、卸载和启动

1.3.1　项目描述

某大学生经过几轮应聘后,发现每个企业都需要网页制作及网站维护人员。经过调研发现,要进行网页制作,首先要了解相关的网页术语、基础知识,同时要了解并能使用网页制作相关软件完成简单网页效果图。他除了掌握网页制作相关理论知识外,首先要学会安装相关软件。

1.3.2　项目分析

通过与企业沟通,了解到进行网页制作及维护工作的人员目前使用最多的软件是 Dreamweaver CS6。

1.3.3　项目实施

Dreamweaver CS6 的安装、启动和卸载。

1. Dreamweaver CS6 的安装和启动

(1) 首先下载由 Adobe 开发的 Dreamweaver CS6,下载完之后如图 1-4 所示。

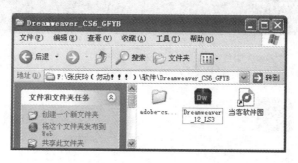

图 1-4　Dreamweaver CS6 的安装包

(2) Dreamweaver_12_LS3 是 Dreamweaver CS6 的安装包,直接双击,会弹出如图 1-5 所示的界面,默认解压位置为桌面。这里是安装包解压路径,解压需要一段时间。解压完成之后桌面会多出一个文件夹,安装之后可以删除。

(3) 解压完成后会自动进入安装界面,有时会弹出一个报告,如图 1-6 所示。这个可以直接忽略,或者可以重启计算机再次安装。

7

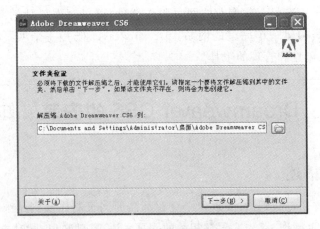

图 1-5　安装包解压路径

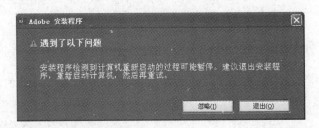

图 1-6　安装报告

　　(4) 安装界面如图 1-7 所示,这里有两个选项,一个是安装,一个是试用,只是方式不同,安装的软件是一样的。

图 1-7　安装欢迎界面

（5）单击"安装"，进入安装界面，弹出软件许可协议，如图 1-8 所示。单击"接受"按钮进入下一步，弹出如图 1-9 所示窗口，输入序列号。

图 1-8　软件许可证

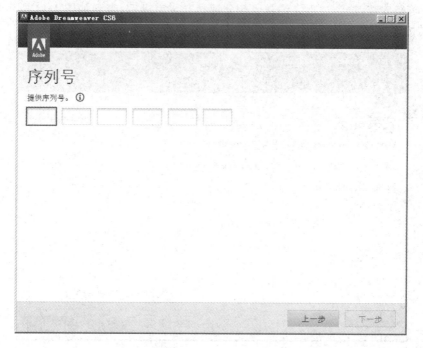

图 1-9　登录设置

（6）单击"登录"按钮，弹出如图 1-10 所示窗口，选择安装位置，建议默认，一般计算机是 32 位操作系统，路径是 C:\Program Files\Adobe，如果要改路径，只改动一个 C 盘就可以，其他按照原来的路径才规范。如果是 64 位的操作系统，建议路径为 D:\Program Files（x86）\Adobe。然后单击"安装"按钮。

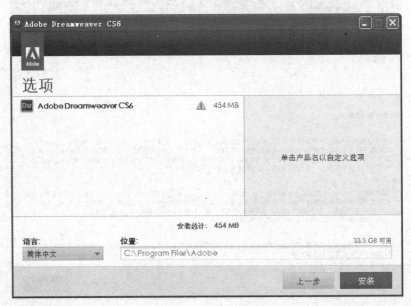

图 1-10　"选项"窗口

（7）等待安装，这个过程大约需要 5 分钟。安装完成后，来到如图 1-11 所示界面，单击"关闭"按钮。

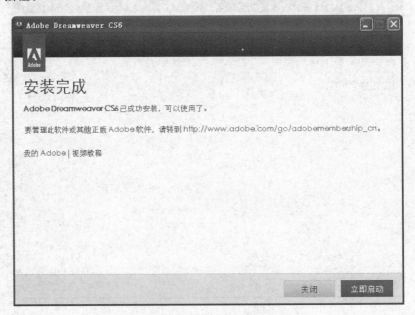

图 1-11　安装完成

（8）打开"开始"菜单，单击 Adobe Dreamweaver CS6，如图 1-12 所示。

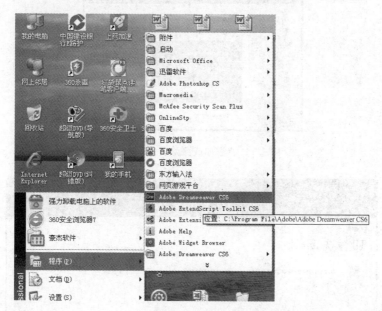

图 1-12　选择 Adobe Dreamweaver CS6

（9）打开如图 1-13 所示窗口，安装结束。

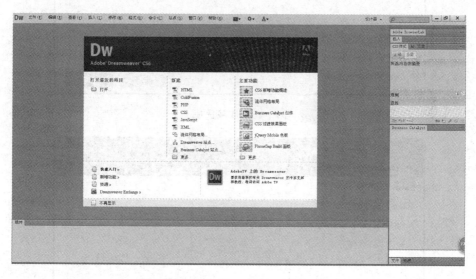

图 1-13　Adobe Dreamweaver CS6 窗口

2. Dreamweaver CS6 的卸载

（1）选择"设置"→"控制面板"→"添加或删除程序"→"更改或删除程序"命令，打开如图 1-14 所示对话框，选择软件 Adobe Dreamweaver CS6。

（2）单击"删除"按钮，弹出图 1-15 所示窗口。

（3）单击"卸载"按钮，完成 Adobe Dreamweaver CS6 的卸载，如图 1-16 所示。

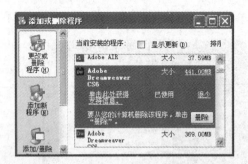

图 1-14　"添加或删除程序"对话框

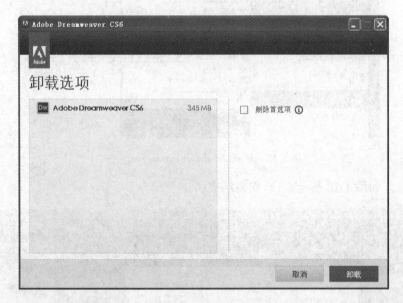

图 1-15　卸载选项

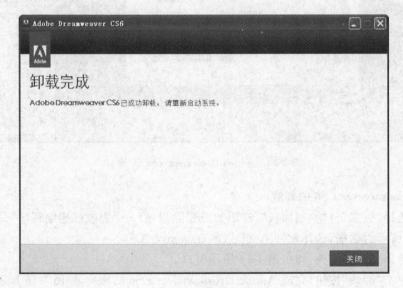

图 1-16　卸载完成

1.3.4　项目总结

本项目介绍了 Dreamweaver CS6 的安装、启动和卸载。希望通过本项目的学习,读者对网页制作能有一个初步认识,能够掌握 Dreamweaver CS6 的安装、启动和卸载的方法,熟练使用 Dreamweaver CS6。

习　题　1

一、填空题

1. _____是用户登录网站后显示的第一个页面。

2. 网页背景颜色最好选择_____或_____(大部分网页均选择_____),这样颜色搭配最灵活。

3. 除 Dreamweaver 外,制作网页时还需要用到_____、_____、Fireworks 等辅助软件。

二、选择题

1. 下列不属于网页构成元素的是(　　)。

　　A. 站标　　　　　　B. 导航条　　　　　　C. 标题栏　　　　　　D. 主页

2. 利用(　　)面板可以新建网页和文件夹。

　　A. 文件　　　　　　B. 插入　　　　　　C. 属性　　　　　　D. 资源

三、简答题

1. 什么是主页、网页和网站?

2. 简单说明网页的基本元素有哪些。

3. 网页的布局元素有哪些?

四、实践题

1. 安装、启动和卸载 Dreamweaver CS6。

2. 浏览搜狐网主页:http://www.sohu.com。

第 2 章　网站的规划与创建

网站是由多个网页文件组成的,但它却不是网页的简单罗列组合,而是采用了多种超链接手段,既有鲜明风格又有完善的内容表达形式,是有机融合而成的。要想制作一个好网站,具有良好有序的网页设计与制作习惯是一个网站开发者必须具备的素质之一。网站开发公司在实际的项目开发中,一般是按照"制作规划书→设计页面→制作页面"的顺序完成工作。本章主要介绍网站设计的工作流程以及利用 Dreamweaver CS6 规划和创建站点等。

教学目标
1. 掌握网页制作基础知识。
2. 了解并熟悉网站设计的工作流程。
3. 掌握网站规划书的写作方法。
4. 掌握网站栏目结构图的绘制方法。
5. 掌握站点的规划和创建方法。

2.1　网页制作基础知识

制作一个优秀的网页,首先需要了解设计网页的一些原则,根据网页所要展示的内容,进行网页的设计构思、布局、配色,然后制定网页的制作流程,选择工作空间。

2.1.1　网页的设计原则

网页的设计不仅涉及各种软件的操作技术,还关联设计者对生活的理解和体验。网页设计就是要把适合的信息传达给适合的观众,要设计一个既好看又实用的网页,必须遵循一些必要的原则。

1. 明确建立网站的目标和用户需求

根据消费者的需求、市场的状况、企业自身的情况等进行综合分析,以"消费者(customer)"为中心,而不是以"美术"为中心进行设计规划。明确设计站点的目的和用户需求,从而做出切实可行的设计计划。

2. 网页设计主题鲜明

在目标明确的基础上,完成网站的构思创意即总体设计方案。对网站的整体风格和特色做出定位,规划网站的组织结构。

3. 版式设计之整体性

设计作品各组成部分在内容上的内在联系和表现形式上的相互呼应,并注意整个页面设计风格统一、色彩统一、布局统一,即形成网站高度的形象统一,使整个页面设计的各个部分融洽。

4. 版式设计的分割性

按照内容、主题和信息的分类要求,将页面分成若干板块、栏目,使浏览者一目了然。不仅能吸引浏览者的眼球,还能通过网页达到信息宣传的目的,显示鲜明的信息传达效果。

5. 版式设计的对比性

在设计过程中,通过多与少、主与次、黑与白、动与静、聚与散等对比手法,使网页主题更加突出,鲜明而富有生气。

6. 网页设计的和谐性

网页布局应该符合人类审美的基本原则,浑然一体。如果仅仅是色彩、形状、线条等的随意混合,那么设计的作品不但没有生气,甚至连最基本的视觉设计和信息传达功能也无法实现。如果选择了与主页内容不和谐的色调,就会传递错误的信息,造成混乱。

7. 导向清晰

网页设计中,导航使用超文本链接或图片链接,使用户能够在网站上自由前进或后退,而不会让他们使用浏览器上的前进或后退。在所有的图片上使用 ALT 标识符注明图片名称或解释,以便那些不愿意自动加载图片的观众能够了解图片的含义。

8. 非图形的内容

由于在互联网浏览的大多是一些寻找信息的人们,要确定网站将为他们提供的是有价值的内容,而不是过度的装饰。

2.1.2　网页的设计构思

在制作网页之前,首先要进行网页的设计与构思,主要包括网页的主题、网页的命名、网站标志、色彩搭配和字体等要素。

2.1.3　网页的布局

网页布局的好坏是决定网页美观与否的一个重要方面。通过合理的布局,可以将页面中的文字、图像等内容完美、直观地展现给访问者,同时合理安排网页空间,优化网页的页面效果和下载速度。反之,如果页面布局不合理,网页在浏览器中的显示将十分糟糕,页面中的各个元素显示效果可能会重叠或丢失。因此,在对网页进行布局设计时,应遵循对称平衡、异常平衡、对比、凝视和空白等原则。常见的网页布局形式包括口形布局、T 形布局、"三"形布局和 POP 布局等。

2.1.4　网页的配色

颜色的使用在网页制作中起着非常关键的作用,色彩搭配成功的网站可以令人过目不忘。但要在网页设计中自由掌握色彩的搭配,首先需要了解一些网页配色的基础理论知识。

1. 色彩简介

人的肉眼能看到的所有颜色都是由红、黄、蓝三种基本原色构成的。基本原色就是人们通常所说的三原色。原色，又称为基色，是用于调配其他色彩的基本色；将原色以不同比例混合，可以产生其他新颜色。原色的色纯度最高、最纯净、最鲜艳，可以调配出绝大多数色彩，而其他颜色不能调配出三原色。

2. 色彩特征

从色彩的功能上看，它具有的基本特征是：①色彩的冷暖；②色彩的轻重；③色彩的软硬；④色彩的缩扩。

3. 网页颜色的搭配

设计网页时，可根据以下原则确定网页的背景色和主色调，并进行颜色搭配。

（1）网页背景颜色最好选择白色或黑色。

（2）可根据网站的性质确定网页的主色调，并且该主色调应贯穿于网站中的全部网页。

（3）设计网页时恰当利用同类色、邻近色和对比色，可增强网页的层次感、丰富网页的色彩或突出某些重要内容（如导航条或版块标题）。

4. 网站配色技巧

无论是平面设计，还是网页设计，色彩永远是最重要的一环。在选择网页色彩时，可以遵循以下原则。

（1）首先选择标准颜色。标准颜色是指能够体现网站形象和延伸内涵的颜色，主要用在网站标志和主菜单上，给人一种整体统一的感觉。

（2）其他颜色。标准颜色定下来后，其他颜色也可以使用，但只能作为点缀和衬托，绝不能喧宾夺主。

5. 网站配色的几点建议

（1）尽量使用网页安全色。

（2）网页背景颜色与文字对比度要高。

（3）尽量避免蓝色与红色、蓝色与黄色、绿色/蓝色与红色这几类颜色同时出现。

（4）尽量少用细小的字体或蓝色表格。

（5）有些颜色本身很枯燥，如灰色，但配合一些橙色或亮色就会产生完全不同的感觉，可以尝试一下。

（6）可以利用留白平衡网站中的颜色刺激。

（7）要始终保持整个网站颜色的统一性。

2.2　网站的设计流程

随着网络的发展，许多个人都拥有自己的网站，例如，个人博客、个人空间等都是个人网站。使用 Dreamweaver CS6 制作好网页后，也可以发布到自己的网站上去。

2.2.1　制作网站规划书

一个网站的成功与否与建站前的网站规划有极为重要的关系。在建立网站前应明确建设网站的目的,确定网站的功能、网站规模及投入费用,进行必要的市场分析等。只有详细地规划,才能避免在网站建设中出现的很多问题,使网站建设顺利进行。

网站规划是指在网站建设前对市场进行分析,确定网站的目的和功能,并根据需要对网站建设中的技术、内容、费用、测试、维护等做出规划。网站规划对网站建设起到计划和指导作用,对网站的内容和维护起到定位作用。

网站规划书应该尽可能涵盖网站规划中的各个方面,写作要科学、认真、实事求是。网站规划书包含的内容如下。

1. 建设网站前的市场分析

(1) 相关行业的市场是怎样的?市场有什么样的特点?是否能够在互联网上开展公司业务?

(2) 市场主要竞争者分析,竞争对手上网情况及其网站策划、功能作用。

(3) 公司自身条件分析、公司概况、市场优势,可以利用网站提升哪些竞争力,建设网站的能力(费用、技术、人力等)。

2. 建设网站目的及功能定位(企业自行处理或与专业公司商议)

(1) 为什么要建立网站,是为了树立企业形象,宣传产品,进行电子商务,还是建立行业性网站?是企业的基本需要还是市场开拓的延伸?

(2) 整合公司资源,确定网站功能。根据公司的需要和计划,确定网站的功能类型:企业型网站、应用型网站、商业型网站(行业型网站)、电子商务型网站;企业网站又分为企业形象型、产品宣传型、网上营销型、客户服务型、电子商务型等。

(3) 根据网站功能,确定网站应达到的目的。

(4) 企业内部网的建设情况和网站的可扩展性。

3. 网站技术解决方案

根据网站的功能确定网站技术解决方案。

(1) 采用自建服务器,还是租用虚拟主机。

(2) 选择操作系统,用 Window 2003/NT 还是 UNIX、Linux。分析投入成本、功能、开发、稳定性和安全性等。

(3) 采用模板自助建站、建站套餐还是个性化开发。

(4) 网站安全性措施,防黑、防病毒方案(如果采用虚拟主机,则该项由专业公司代劳)。

(5) 选择什么样的动态程序及相应数据库。如程序 ASP、JSP、PHP;数据库 SQL、Access、Oracle 等。

4. 网站内容及实现方式

(1) 根据网站的目的确定网站的结构导航。一般企业型网站应包括公司简介、企业动态、产品介绍、客户服务、联系方式、在线留言等基本内容。更多的内容还有常见问题、营销网络、招贤纳士、在线论坛、英文版等。

（2）根据网站的目的及内容确定网站整合功能。如 Flash 引导页（也称 Flash 片头）、会员系统、网上购物系统、在线支付、问卷调查系统、信息搜索查询系统、流量统计系统等。

（3）确定网站结构导航中每个频道的子栏目。如公司简介中可以包括总裁致辞、发展历程、企业文化、核心优势、生产基地、科技研发、合作伙伴、主要客户、客户评价等；客户服务可以包括服务热线、服务宗旨、服务项目等。

（4）确定网站内容的实现方式。如产品中心是使用动态程序数据库还是静态页面；营销网络是采用列表方式还是地图展示。

5. 网页设计

（1）网页美术设计一般要求与企业整体形象一致，并符合企业 CI 规范。要注意网页色彩、图片的应用及版面策划，保持网页的整体一致性。

（2）在新技术的采用上，要考虑主要目标访问群体的分布地域、年龄阶层、网络速度、阅读习惯等。

（3）制订网页改版计划，如半年到 1 年时间进行较大规模改版等。

6. 费用预算

（1）建站费用的初步预算。一般根据企业的规模、建站的目的、上级的批准而定。

（2）专业建站公司提供详细的功能描述及报价，企业进行性价比研究。

（3）网站的价格从几千元到十几万元不等。如果排除模板式自助建站（通常认为企业的网站无论大小，必须有排他性，如果千篇一律，对企业形象的影响极大）和谋取暴利的因素，网站建设的费用一般与功能要求是成正比的。

7. 网站维护

（1）服务器及相关软、硬件的维护。对可能出现的问题进行评估，制订响应时间。

（2）数据库维护。有效利用数据库是网站维护的重要内容，因此数据库的维护要受到重视。

（3）内容的更新、调整等。

（4）制订相关网站维护的规定，将网站维护制度化、规范化。

说明：动态信息的维护通常由企业安排相应人员进行在线更新管理。静态信息（即没用动态程序数据库支持）可由专业公司进行维护。

8. 网站测试

网站发布前要进行细致周密的测试，以保证正常浏览和使用。主要测试内容包括：①文字、图片是否有错误；②程序及数据库测试；③链接是否有错误；④服务器的稳定性、安全性；⑤网页兼容性测试，如在各种浏览器和显示器上是否显示正常。

9. 网站发布与推广

（1）网站测试后进行发布的公关、广告活动。

（2）搜索引擎登记等。

10. 费用明细

各项事宜所需费用清单。

以上为网站策划中的主要内容，根据不同的需求和建站目的，内容会增加或减少。在建设网站之初,一定要进行细致的策划,才能达到预期建站目的。

2.2.2　制作网站栏目结构

内容是网站的核心,一个网站最重要的就是内容,而内容怎样开展,很大程度上是由网站栏目结构决定的。所以,网站栏目结构设计得好,才能让整个网站内容围绕主题开展,提升网站与主题的符合度。在网站栏目结构的设计上,需要注意下面几点。

(1) 层次清晰,突出主题。理清网页内容及栏目结构的脉络,使链接结构、导航线路层次清晰;在内容与结构的设计上要突出主题。

(2) 体现特征,注重特色设计。

(3) 方便用户使用。

(4) 网页在功能分配上合理,且要功能强大。

(5) 可扩展性能好。

(6) 网页设计与结构在用户体验上要完美结合。

2.2.3　制作网站目录结构

一般,一个网站包含的文件往往很多,大型网站更是如此。如果将这些文件杂乱存放,容易造成两个后果。

(1) 文件管理混乱。经常搞不清哪些文件需要编辑和更新,哪些无用的文件可以删除,哪些是相关联的文件,大大影响工作效率。

(2) 上传速度慢。站点最终都要上传到网络服务器上,而服务器一般会为根目录建立一个文件索引。如果将所有文件都放在根目录下,即使上传更新一个文件,服务器也需要将所有文件再检索一遍,建立新的索引文件,大大增加上传时间。

建立网站目录结构,应遵循以下方法和建议。

1. 按栏目内容建立子目录

首先应按主菜单栏目建立子目录。例如,网页教程类站点可以根据技术类别分别建立相应的目录,如 Flash、DHTML、JavaScript 等;企业站点可以按公司简介、产品介绍、价格、在线订单、反馈联系等建立相应的目录。

其他的次要栏目,如新闻、友情链接等内容较多,需要经常更新的栏目可以建立独立的子目录;而一些相关性强、不需要经常更新的栏目,如关于本站、关于站长、站点经历等,可以统一放在一个目录下。

2. 有些程序存放在特定目录下

在网站建设中,很多程序一般都放在特定的目录下,以便于维护管理。例如,后台管理程序一般都放在 admin 文件目录下,需要下载的内容一般都放在 download files 目录下。

3. 在每个主目录下都增加独立的 images 目录

一般情况下,每个站点根目录下都有一个 images 目录。刚开始学习主页制作时,一般人习惯将所有图片都存放在该目录下;后来慢慢发现这样很不方便,当需要将某个主栏目打包供网友下载或者将某个栏目删除时,图片的管理相当麻烦。经过实践发现,为每个主栏目加一个独立的 images 目录是最方便管理的,而根目录下的 images 目录只用来存放首页和一些次要栏目的图片。

4. 目录的层次不要太深

目录的层次建议不要超过 3 层,以方便维护管理。

除上述各项外,其他需要注意的还有以下几项。

(1) 不要使用中文目录。网络无国界,使用中文目录可能对网址的正确显示造成困难。

(2) 不要使用过长的目录。尽管服务器支持长文件名,但是太长的目录名不便于记忆。

(3) 尽量使用意义明确的目录。

2.2.4 网站开发流程

可以把网站开发流程归纳为以下三个阶段。

1. 规划和准备阶段

与客户沟通,了解客户的深度需求,是创建网站前必须要做的工作。良好的前期工作能让网站制作人员更加明确网站建设的目的、结构、功能和站点层次,让后期的制作达到事半功倍的效果。归纳一下,可以从四个方面进行分析和规划。

1) 网站类型的确定

根据不同的分类方式可以将网站分成不同的类型,下面列出几种常见的网站分类方式。

(1) 根据网站的性质分类可分为:①政府官方网站;②企业机构网站;③商业机构网站;④教育科研机构网站;⑤个人网站;⑥非营利机构网站;⑦其他。

(2) 根据网站所用编程语言分类可分为:①asp 网站;②php 网站;③jsp 网站;④asp. net 网站;⑤其他。

(3) 根据网站用途分类可分为:①门户网站;②行业网站;③娱乐网站;④其他。

2) 网站目标的确定

(1) 明确谁将成为网站的访问者,即明确该网站将面向何种类型的用户。

(2) 访问者将通过本网站实现什么样的目的,即用户通过访问本站点是要获得相关信息,还是通过本站点向大众反馈一些信息等。

(3) 访问者将通过怎样的方式实现这一目的,即用户通过本网站要达到一个目的,而这个目的要通过何种形式来完成。

3) 网站主题、风格和创意点的确定

(1) 选择网站主题时,应该注意以下几个方面的问题:①主题要小而精;②主题最好是自己擅长或者喜爱的内容;③主题不要太滥,目标不易太高。

(2) 风格是抽象的,是指站点的整体形象给浏览者的综合感受。这个"整体形象"包括站点的 CI(标志、色彩、字体、标语)、版面布局、浏览方式、交互性、文字、语气、内容价值、存在意义、站点荣誉等诸多因素。粗略地说,网站风格可以从以下几个方向探讨,而每一项都是有关联性的。

① 色系:网页的底色、文字类型、图片的色系、颜色等。

② 排版：表格、框架的应用、文字缩排、段落等。

③ 窗口：窗口效果，如全屏幕窗口、特效窗口等。

④ 程序：网页互动程序，如 ASP、PHP、XML、CGI 等。

⑤ 特效：让网页看起来生动活泼的各种应用，如 Flash、JavaScript、Java Applets、DHTML 等。

⑥ 架构：目录规划、层次浅显易懂、选单应用等。

⑦ 内容：网站主题、整体实用性、文件关联性、内容切合度、是否有不必要的档案等。

⑧ 走向：对于网站的未来规划、网站整体内容走向等。

以上这些项目都与网页风格有密切关系，网页的风格不是某一项相同，网站就有整体感，而是要各项目的配合应用，才能达到完美的网站风格设计。

（3）网站的创意。

创意是具有新颖性和创造性的想法，是网站生存的关键。对于网站设计者，最苦恼的可能就是没有好的创意。

4）网站设计需要遵循的原则

要想让浏览者从众多网站中访问到你的站点，并不是一件容易的事。因此，网站设计者要想制做出达到预期效果的网站和网页，需要对用户的各项需求有深刻的了解，对人们的心理进行认真的分析和研究。以下是网站设计制作中应该遵循的几项原则。

（1）网站的主题不要超过 3 个。

（2）网站的标准色彩最多为 3 种。

（3）重视网站目录结构的创建。

（4）链接层次不要超过 3 层。

（5）网页长度不要超出 3 个整屏。

（6）表格的嵌套层次要控制在 3 层左右。

（7）网站导航要清晰。

2. 站点结构的搭建、组织阶段

网站前期策划工作做好之后，就可以对站点的结构进行搭建了。站点的结构设置可以从以下三个方面着手。

1）网站总体结构的设置

（1）给网站制做出一套系统的内容大纲。

（2）整理好各内容之间、各张页面之间的链接关系。

（3）整合各项准备工作，整体拟定出网站总体结构示意图。

一个良好的网站总体结构能给网站制作者提供一个有效的总体框架，有了这一框架就能更快、更好地完成网站的具体制作。所以，网站总体结构设置的好坏是决定网站设计能否成功的关键。

2）网站目录结构的设置

网站目录是指网站建设者建立网站时创建的目录。目录结构的好坏，对于站点本身的上传维护、站点内容未来的扩充和移植有重要的影响。下面是规划目录结构时应遵循的几个原则。

21

（1）不要将所有文件都存放在根目录下。

（2）按栏目内容分别建立子目录。

（3）在每个主目录下都建立独立的 images 目录。

（4）目录的层次不要太深。

3）网站链接结构的设置

网站链接结构是指网页页面之间相互链接的拓扑结构，它是建立在目录结构基础之上的。

理论上，网站的链接结构一般有两种基本方式：树状链接结构（一对一）和星形链接结构（一对多）。但在实际的网站设计中，总是将这两种结构混合起来使用。为了使浏览者快速达到自己需要的页面，最好的办法是首页和一级页面之间用星形链接结构，一级和二级页面之间用树形链接结构。

3. 网页设计、制作阶段

网页设计与制作阶段工作中，首先要做的就是选定网站制作工具创建网页文档。

（1）在 Dreamweaver CS6 中创建网页文档，选择"文件"→"新建"命令，或按下 Ctrl＋N 组合键，打开"新建文档"对话框，如图 2-1 所示。选择"空白页"选项卡，在"页面类型"列表框中选择 HTML 选项，在"布局"列表框中选择"无"选项，单击"创建"按钮，即可创建一个空白网页文档，如图 2-2 所示。

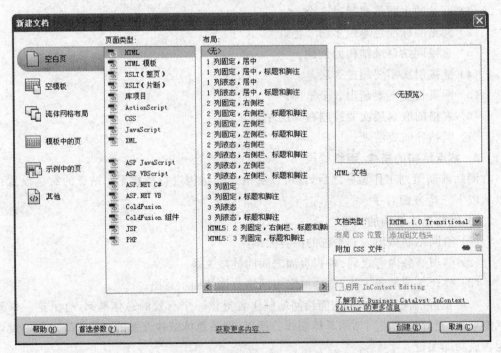

图 2-1　"新建文档"对话框

（2）给每张网页进行页面布局。网页的布局必须根据网页内容的需要，将网页元素按照一定次序进行合理的编排，使它们组成一个有机的整体。网页版面的布局类型有国字形、拐角形、左右框架型、综合框架型、标题正文型、封面型、变化型、Flash 型等。

22

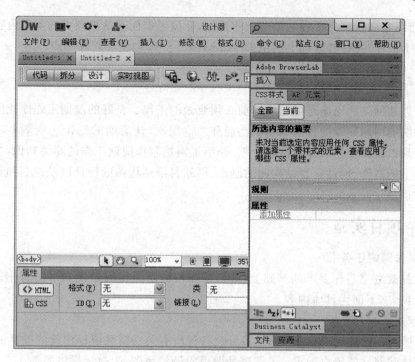

图 2-2　新建的空白网页文档

　　（3）网页的具体制作。其中有站点域名的申请、网站的建立、首页制作、网页的制作、链接的设置、网站的测试和上传。
　　4. 网站宣传、推广阶段
　　网站建好后，并不代表就完成了所有工作，后期的宣传和推广也是非常重要的工作。这里推荐几种很好的集中宣传推广的方法。
　　（1）在各大搜索引擎中注册网站。
　　（2）在新闻组上发布主页。
　　（3）利用电子邮件群发消息。
　　（4）通过新闻媒体进行宣传。
　　（5）利用留言板进行宣传。
　　（6）在聊天室里发出邀请等方法。

2.3　项目：某高校精品课程网站
——网站的规划与创建

2.3.1　项目描述

　　良好有序的网页设计与制作习惯是一个网站开发者必须具备的素质之一。网站开发公司在实际项目开发中，一般是按照"制作规划书→设计页面→制作页面"的顺序来完成

23

的,本项目以某高校精品课程网站的制作为例,让读者掌握网站规划书的基本内容和网站建设的基本流程,并在其基础上利用 Dreamweaver CS6 创建和管理站点。

2.3.2 项目分析

明确创建网站的用途是创建网站前必须要做的工作。良好的前期工作能让网页制作人员更加明确网站建设的目的、结构、功能和站点层次,让后期的制作达到事半功倍的效果。本项目以某高校精品课程网站为例,介绍了网站制作前期工作的相关知识,主要包括网站规划书的写作、网站栏目结构图的制作、网站目录结构图的设计以及规划和创建站点的相关知识。

2.3.3 项目实施

1. 制作网站任务书

在网站规划书写作要求的基础上,进行某高校精品课程网站规划书的写作。本网站属于教育网站,下面为具体内容。

1) 网站访问者分析

(1) 访问网站的用户:全校师生及社会各界所有关心精品课程建设的教育工作者。

(2) 访问网站的用户需求:了解精品课程的最新动态,为教学提供服务。

2) 建设网站的目的

(1) 宣传精品课程,扩大影响力。

(2) 实现精品课程优质资源的共享。

3) 域名空间的选择

(1) 域名选择。经商议并报领导通过后,定域名为 jingpinkecheng.com。

(2) 空间选择。该高校本身具有网络中心,校园网硬件平台即 Web 服务器等硬件设备可以满足需求。

(3) 服务器操作系统选择。从投入成本、功能、开发、稳定性和安全性等方面考虑,开发平台选用 Windows 7 操作系统。

(4) 后台管理系统选择。后台管理系统选择用 6.5 版 2006 SiteWeaver 内容管理系统。

4) 网站配色

整个校园网站的美工设计由专门美工制作人员负责完成。网站各板块应采用与网站首页同一色系的颜色,整个板块内部也要尽量保持风格一致。

考虑是教学网站,颜色既要体现出严肃性,又不能过死板,应采用素雅型的配色方案,避免大面积色块出现。

5) 网站的功能

根据网站的设计思想,对网站内容进行分析,按照系统开发的基本观点对网站进行分解,从内容上对网站做以下划分。

首页:通过图片、导航栏等信息展现网站主要内容。

文件下载:可以下载与精品课程相关的内容,如精品课程建设管理办法等。

精品课程：可以浏览或下载学院已经申报为国家级、自治区级、院级精品课程的信息。

主页设计：网站主页采用静、动结合的方式，即静态的主画面和动态的图像相结合，体现精品课程的勃勃生机。主页上设置精品课程风采、优点特色、信息发布等。

6）网站总体栏目设置

网站总体栏目设置一般是指主导航上面的内容，下面简单画出"精品课程"网站的总体栏目效果图，如图 2-3 所示。

图 2-3　某高校精品课程网站栏目结构图

7）网站安全

为保证网站的安全正常运行，在前期和日常维护中需要注意以下问题。

（1）网络与信息安全保障措施。网站服务器和其他计算机之间设置经公安部认证的防火墙，并于专业网络安全公司合作，做好安全策略，拒绝外来的恶意攻击，保障网站正常运行。

（2）在网站的服务器及工作站上均安装了正版的防病毒软件。对计算机病毒、有害电子邮件有整套的防范措施，防止有害信息对网站系统的干扰和破坏。

（3）做好生产日志的留存。网站具有保存 60 天以上系统运行日志和用户使用日志记录的功能，内容包括 IP 地址及使用情况，主页维护者、邮箱使用者和对应的 IP 地址情况等。

（4）交互式栏目具备 IP 地址、身份登记和识别确认功能，对没有合法手续和不具备条件的电子公告服务要立即关闭。

（5）网站信息服务系统建立双机备份机制，一旦主系统遇到故障或受到攻击导致不能正常运行，要保证备用系统能及时替换主系统继续提供服务。

（6）关闭网站系统中暂不使用的服务功能和相关端口，并及时用补丁修复系统漏洞，定期查杀病毒。

（7）服务器平时处于锁定状态，并保管好登录密码；后台管理界面设置超级用户名及密码，并绑定 IP，以防他人登入。

（8）网站提供集中式权限管理，针对不同的应用系统、终端、操作人员，有网站系统管理员设置共享数据库信息的访问权限，并设置相应的密码及口令。不同的操作人员设定不同的用户名，且定期更换，严谨操作人员泄露自己的口令。对操作人员的权限严格按照岗位职责设定，并由网站系统管理员定期检查操作人员权限。

（9）公司机房按照电信机房标准建设，内有必备的独立 UPS 不间断电源，高灵敏度的烟雾探测系统和消防系统，定期进行电力、防火、防潮、防磁和防鼠检查。

8）网站运营维护

在网站运营维护方面，要做到下面几点。

（1）建立网站内容发布审核机制，始终保持网站内容的合法性。

（2）保持网站服务器正常工作，对网站访问速度等进行日常跟踪管理。

（3）保持合理的网站内容更新频率。

（4）网站内容制作符合网站优化所必须具备的规范。

（5）完善重要信息（如数据库、访问日志等）的备份机制。

（6）保持网站重要网页的持续访问性，不受网站改版等因素影响。

（7）对网站访问统计信息定期进行跟踪分析。

2．制作网站栏目结构

利用 Word 2010 绘制某高校精品课程网站栏目结构图。

（1）新建空白文档，选择"文件"→"新建"→"插入"→SmartArt 命令，弹出如图 2-4 所示对话框。

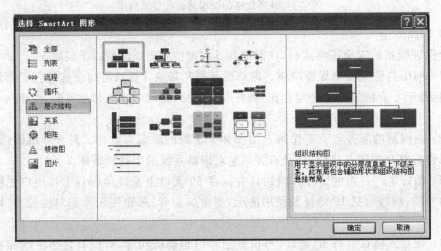

图 2-4　"选择 SmartArt 图形"对话框

（2）单击"确定"按钮，弹出如图 2-5 所示内容。根据网站的实际需求，单击"层次结构"第二层中的文本框，按 Delete 键将其删除。

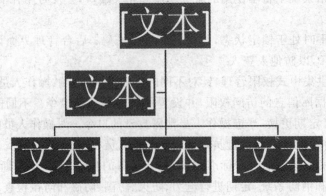

图 2-5　插入形状

（3）右击第三层最右侧的文本框,在弹出的快捷菜单中选择"添加形状"→"在后面添加形状"命令,添加两个文本框,如图 2-6 所示。

图 2-6　添加文本框

（4）右击文本框,在弹出的快捷菜单中选择"编辑文字"命令,然后在文本框中输入文字,如图 2-7 所示。

图 2-7　添加文字

3. 制作网站目录结构

根据基础知识中的内容以及网站目录结构图的分析设计,本站点网站目录结构部分设计如图 2-8 所示。

图 2-8　网站目录结构图

（1）admin：放置后台管理程序。如果网站中包含动态内容,这个目录必须有。

（2）audio：放置音频文件。

（3）CSS：放置样式文件。

（4）doc：放置 Word 文档文件。

（5）downloads：放置供用户下载的文件。

（6）images：放置图片文件。

（7）library：放置库项目。

27

4. 创建站点

(1) 创建本地站点文件夹。在本地磁盘 E 盘新建一个文件夹(此处为 E:\jpkc),用于存放将要制作的网站。

(2) 启动 Dreamweaver CS6,选择"站点"→"新建站点"命令,出现"站点设置对象"对话框。单击左侧列表中的"站点"选项(默认选项),对话框右侧显示站点相关信息,如图 2-9 所示。

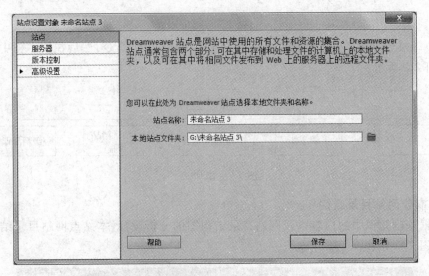

图 2-9 "站点设置对象"对话框

(3) 设置站点信息。在"站点名称"编辑框中输入一个站点名称(此处为"精品课程"),以便在 Dreamweaver CS6 中标识该站点。"本地站点文件夹"用于设置网站文件的存储路径,可以在文本框中输入已有的路径;也可以单击右侧的按钮,在弹出的"选择站点的本地根文件夹"对话框中选择存储位置,站点信息设置完后,如图 2-10 所示。

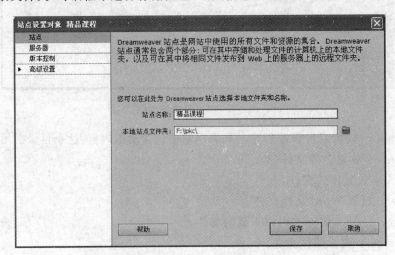

图 2-10 站点信息设置举例

（4）设置服务器信息。在左侧列表中单击"服务器"选项，对话框右侧将显示服务器相关信息，如图 2-11 所示。站点服务器信息可以暂时不填写，在上传网站时再添加。

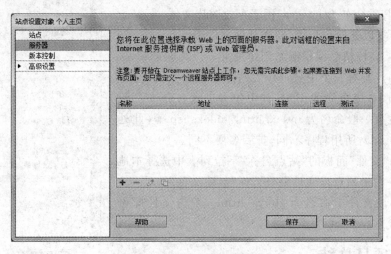

图 2-11　服务器信息设置

（5）设置"版本控制"信息。在 Dreamweaver CS6 中新增加了"版本控制"选项，一般设置访问对象为"无"。

（6）高级设置。对"高级设置"部分，仅设定"本地信息"即可，如图 2-12 所示。其他相关内容会在后面的学习中逐步讲解。设定好后，直接单击"保存"按钮，新的站点就创建完成了。

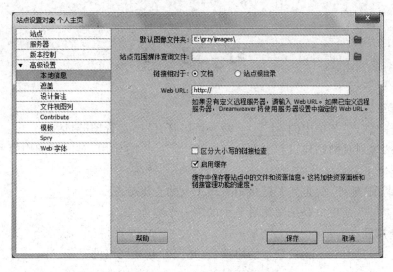

图 2-12　本地信息设置举例

5. 利用文件面板创建文件夹和网页文档

1）为某高校精品课程网站创建文件夹

（1）在"文件"面板的"站点名称"下拉列表中选择本地站点 jpkc→右击站点根文件夹→

29

选择"新建文件夹"选项,如图 2-13 所示。

(2) 在站点子目录下会生成一个以 untitled 命名的新文件夹,将其重命名为 images,用于存放图片文件。

(3) 重复以上操作步骤,新建其他文件夹。

2) 为某高校精品课程网站创建主页

每个站点都有一个主页。作为站点的起始页面,它起到开门见山、总揽全局的作用,其中包含进入各分支页面的链接。主页一般命名为 index. html,index. asp 等(此处为 zhuye. html),所用程序不同,扩展名便不同。

(1) 在"文件"面板的"站点名称"下拉列表中选择本地站点 jpkc→右击站点根文件夹→选择"新建文件"选项。

(2) 将该文件重命名为 zhuye. html。双击文件即可进入编辑状态。

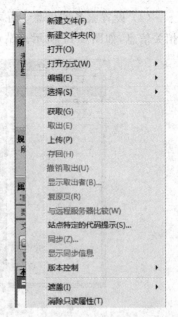

图 2-13　利用文件面板创建
站点目录结构

2.3.4　项目总结

本项目介绍了网页制作基础知识。通过本项目的学习,学生对网页制作有了初步认识,能够了解网页的基本概念,能对网页进行颜色、布局赏析。熟悉网站开发流程,了解网页制作相关工具的应用,并能够结合 Photoshop 图像处理软件制作给定栏目的网站效果图,完成指定站点的创建,同时能够制作简单的欢迎界面。能够基本熟悉网站设计的流程,能够熟练掌握网站的规划与创建。

习　题　2

一、填空题

1. 选择"站点"菜单中的_____命令可以打开"站点管理"对话框。

2. 网站规划对网站建设起到_____和_____的作用,对网站的内容和维护起到定位作用。

3. 所谓 IP 地址,就是为了链接 Internet 上的主机分配一个_____。

4. _____是用户登录网站后显示的第一个界面。

二、选择题

1. (　　)是 Internet 最基本的协议,也是国际互联网络的基础。

　　A. ip　　　　　　　B. TCP/IP　　　　　　C. SNMP　　　　　　D. POP3

2. 下列不属于网页构成元素的是(　　)。

　　A. 站标　　　　　　B. 导航条　　　　　　C. 标题栏　　　　　　D. 主页

3. 要在 Dreamweaver CS6 中创建站点,需要选择(　　)菜单命令。

　　A. "站点"|"新建站点"　　　　　　　　　B. "插入"|"站"

C. "插入" | "新建站点"　　　　　　D. "站点" | "插入站点"

4. 要保存网页文档,可选择(　　)菜单命令。

A. "文件" | "保存网页"　　　　　　B. "文件" | "保存"

C. "编辑" | "保存网页"　　　　　　D. "编辑" | "保存"

5. 利用(　　)可新建网页和文件夹。

A. 文件　　　　　B. 插入　　　　　C. 属性　　　　　D. 资源

三、简答题

1. 什么是网站?

2. 在进行网页色彩搭配时,要注意哪些方面?

3. 网页设计的基本过程是什么?

四、实践题

1. 赏析以下网站,注意布局和配色。

(1) 天津大学网站:http://www.tju.edu.cn。

(2) 易趣网:http://www.ebay.com.cn。

(3) 求职网:http://www.chijoy.im.cn。

2. 创建"美食网"站点。

第3章 在网页中添加各种对象

一个完整的网站是由许多个网页组成的,而网页又是由文本、图像、超链接以及动态媒体元素等各类对象组成的。动态元素可以使页面内容更加丰富与鲜明。网页中如果缺少各种元素,就只会徒有其表。本章详细介绍如何向网页中添加各种对象。

教学目标

1. 掌握在 Dreamweaver CS6 中输入和设置文本内容以及添加列表项目的方法。

2. 熟悉网页中可用图像的种类,掌握在 Dreamweaver CS6 中插入图像和动画的方法。

3. 理解超链接的含义,熟悉超链接的分类,掌握各种超链接的设置方法,能在 Dreamweaver CS6 中插入各种类型的超链接。

4. 熟悉并掌握常用的 HTML 标记。

3.1 设置页面属性

一般在创建一个新网页后,首先要对网页的页面属性进行设置,包括对字体、背景、超链接、标题跟踪图像等属性的设置,从而对页面风格进行有效控制,使其保持统一。

设置页面属性步骤如下。

(1) 新建或打开一个网页文档,其"属性"面板如图 3-1 所示。

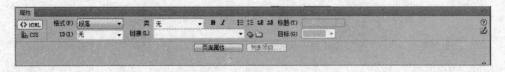

图 3-1 "属性"面板

(2) 单击"属性"面板中的"页面属性"按钮,打开"页面属性"对话框,在对话框中对页面属性进行设置,如图 3-2 所示。

(3) 设置好属性后,单击"确定"按钮,保存网页并在浏览器中预览,在网页页面中会显示"页面属性"中所设置的属性内容。

下面对"页面属性"对话框中的"链接""标题""标题/编码""跟踪图像"选项卡进行简单介绍。

(1) "链接(CSS)"选项卡:可以设置超链接字体、字体大小、字体颜色等属性,如图 3-3 所示。

图 3-2　"页面属性"对话框

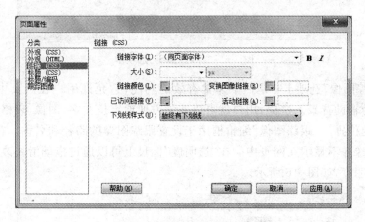

图 3-3　"链接(CSS)"选项卡

（2）"标题(CSS)"选项卡：可以在"标题字体"下拉列表中定义标题文字的字体，还可以设置字体的加粗、倾斜效果，在"标题 1""标题 2""标题 3""标题 4""标题 5"、"标题 6"下拉列表中可以对 1、2、3、4、5、6 级标题的字号和颜色进行设置，如图 3-4 所示。

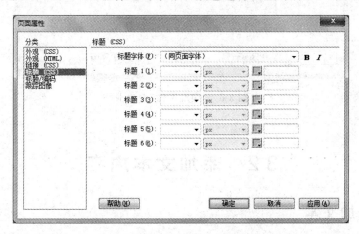

图 3-4　"标题(CSS)"选项卡

（3）"标题/编码"选项卡："标题"文本框用于设置在网页文档窗口和大多数浏览器窗口的标题栏中出现的页面标题。在"编码"下拉列表中可以选择合适的文字解码方式，如图 3-5 所示。

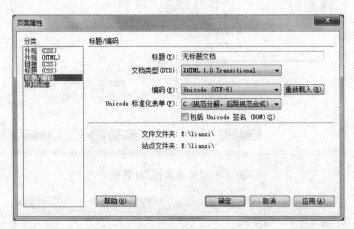

图 3-5 "标题/编码"选项卡

（4）"跟踪图像"选项卡：是一个非常有效的功能，它允许用户在网页中将原来的平面设计稿作为辅助背景。这样，用户就可以非常方便地定位文字、图像、表格、层等网页元素在页面中的位置。"跟踪图像"编辑框用于设置跟踪图像的路径和名称。在实际生成网页时，跟踪图像并不显示在网页中。在"透明度"标尺上可以通过拖动滑块改变设计图（跟踪图像）的透明度，如图 3-6 所示。

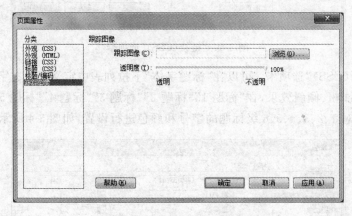

图 3-6 "跟踪图像"选项卡

3.2　添加文本内容

3.2.1　添加文本

在 Dreamweaver CS6 中添加文本有 3 种方法。

1. 直接在"设计"视图中输入文本

创建 HTML 文档后，在"设计"视图编辑窗口中将光标定位在需要添加文本的位置，切换到所需输入法，即可进行文本的输入，如图 3-7 所示。

2. 从其他应用程序中复制文本

选中所需复制的文本→"复制"命令→切换到 Dreamweaver CS6 工作界面，将插入点定位在要插入文本的位置→"粘贴"或"选择性粘贴"命令，即可完成文本的插入，如图 3-8 所示。

图 3-7　直接输入文本　　　　　　　　　　图 3-8　从其他文档中复制文本

3. 从其他文档中导入文本

在 Dreamweaver CS6 中，可以直接将 Word 文档和 Excel 工作簿中的内容导入网页中。下面以导入 Word 文档为例进行讲解。

（1）启动 Dreamweaver CS6，选择"文件"→"导入"→"Word 文档"命令，新建 HTML 文档，如图 3-9 所示。

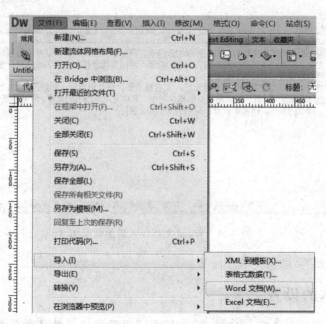

图 3-9　导入文档

35

(2) 打开"导入 Word 文档"对话框,选择 Word 文档所在位置,在文件列表中选择 Word 文档"文字素材.doc"(以导入 e:\文字素材.doc 为例),如图 3-10 所示。

图 3-10　选择 Word 文档

(3) 单击"打开"按钮,完成 Word 文档的导入,在 Dreamweaver CS6 中显示效果如图 3-11 所示。

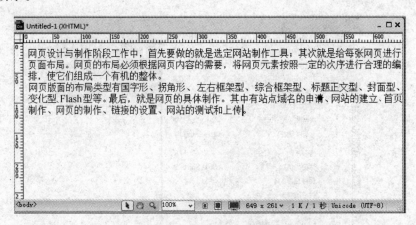

图 3-11　Word 文档导入后的效果图

(4) 保存文档为"添加文本.html"。

3.2.2　文本的设置

选中要设置属性的文字,在"属性"面板中可以设置文字的各种属性,包括文字的字体、大小、颜色等,如图 3-12 所示。

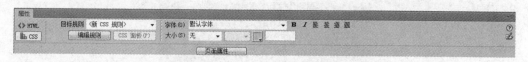

图 3-12　文本设置"属性"面板

为使大家能够很好地使用"属性"面板,下面简单介绍各项属性的意义。

(1) 目标规则:应用设置好的文本 CSS 样式。

(2) 字体:为所选文字设置字体。

(3) 粗体:设置文本加粗。

(4) 倾斜:设置文本倾斜。

(5) 对齐:设置文本段落对齐格式。

(6) 大小:设置所选文本大小。

(7) 颜色:设置所选文本颜色。

3.2.3　空格

由于 Dreamweaver CS6 中的文档都是 HTML 格式,而 HTML 格式文档中只允许有一个空格,所以在 Dreamweaver CS6 中要想添加多个空格,可通过以下方式实现。

(1) 连续按 Ctrl＋Shift＋空格组合键可添加多个空格。

(2) 选择"编辑"→"首选参数"→选择左侧"分类"里的"常规"→选中右侧的"允许多个连续的空格"(推荐使用此方法)。

(3) 将输入法切换到全角状态,直接连续按空格键即可。

(4) 选择"插入"→HTML→"特殊字符"→"不换行空格"命令,可输入一个空格,若添加多个空格,重复此操作。

(5) 在文档窗口"代码"视图中,直接在源代码中加入代表空格的 HTML 代码 。

3.2.4　文本换行与分段

在 Dreamweaver CS6 中,输入文本时不会自动换行,需要手动执行。换行的方法是将插入点置于要换行的位置,然后按下 Shift＋Enter 组合键。

如果要对文本内容进行分段,直接按下 Enter 键,即可形成一个自然段落。

换行与分段的区别:换行行间距小,分段行间距大。

3.2.5　添加特殊符号

网页文本中除包含汉字或字母外,往往还包含一些特殊字符,如注册商标符号®、版权符号©等。这些特殊符号一般不能从键盘直接输入。在 Dreamweaver CS6 中,可单击"插入"→HTML→"特殊字符"菜单命令,然后在其下拉列表中选择相应字符进行插入,如图 3-13 所示。

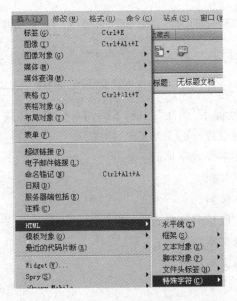

图 3-13　插入特殊字符

3.2.6　添加与设置水平线

水平线是网页中常见的一种元素。在网页排版中,水平线的作用是分隔文本和对象,使段落区分更清楚明了。水平线的添加方法如下。

(1) 将光标定位在目标位置。

(2) 选择"插入"→HTML→"水平线"命令,如图 3-14 所示,效果如图 3-15 所示。

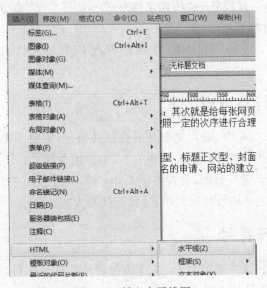

图 3-14　插入水平线图

水平线的设置:选中水平线,在"属性"面板中可以对水平线的宽、高、对齐、阴影等属性进行设置,如图 3-16 所示。

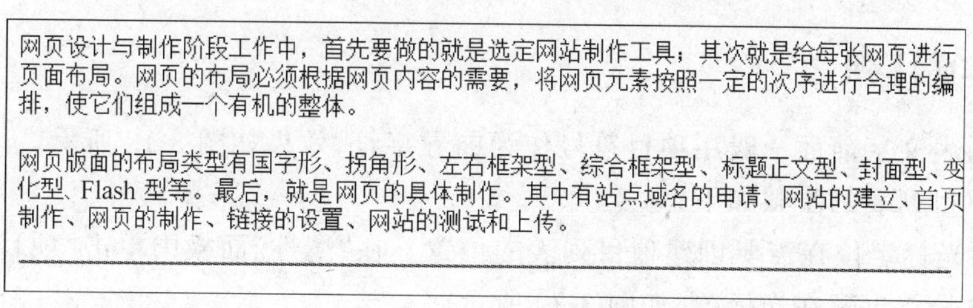

网页设计与制作阶段工作中，首先要做的就是选定网站制作工具；其次就是给每张网页进行页面布局。网页的布局必须根据网页内容的需要，将网页元素按照一定的次序进行合理的编排，使它们组成一个有机的整体。
网页版面的布局类型有国字形、拐角形、左右框架型、综合框架型、标题正文型、封面型、变化型、Flash 型等。最后，就是网页的具体制作。其中有站点域名的申请、网站的建立、首页制作、网页的制作、链接的设置、网站的测试和上传。

图 3-15　添加水平线效果图

属性
水平线
宽(W)
像素
高(H)
对齐(A)
默认
类(C)
无
阴影(S)

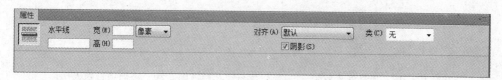

图 3-16　水平线“属性”面板

3.3　添加列表项目

列表是指将具有相似特性或某种顺序的文本进行有规则地排列，常用于条款或列举类型的文本中，是一种简单而实用的段落排列方式。以列表方式显示的文本更直观、清楚。在文档窗口中，可以用现有文本或新文本创建编号列表或项目列表，这是最常使用的两种列表。

3.3.1　编号列表

编号列表前通常有数字或字母作前导字符。这些字符可以是阿拉伯数字、英文字母或罗马数字等，效果如图 3-17 所示。

创建编号列表的步骤如下。

(1) 将光标定位在需要创建编号列表的位置，单击“属性”面板中的“编号列表”按钮，数字前导字符将出现在光标前，如图 3-18 所示。

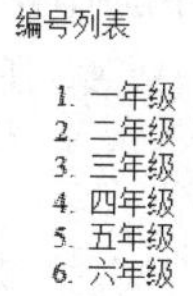

编号列表
1. 一年级
2. 二年级
3. 三年级
4. 四年级
5. 五年级
6. 六年级

图 3-17　编号列表

编号列表
1.

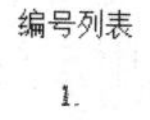

图 3-18　添加编号列表

(2) 在阿拉伯数字前导符后面输入相应的文本内容。按 Enter 键分段后，下一个数字前导符会自动出现。

(3) 继续输入其他列表项的文本内容，完成整个编号列表的文字输入后，按两次 Enter 键即可停止编号。

3.3.2 项目列表

项目列表文字前面一般用项目符号作为前导字符,效果如图 3-19 所示。

创建项目列表的步骤如下。

(1) 将光标定位在需要创建项目列表的位置。在"属性"面板中单击"项目列表"按钮,项目符号将出现在光标前,如图 3-20 所示。

项目列表

- 一年级
- 二年级
- 三年级
- 四年级
- 五年级
- 六年级

项目列表

· |

图 3-19　项目列表效果 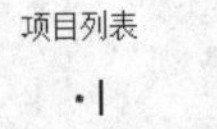　　　　　　　　　图 3-20　添加项目列表

(2) 在项目符号前导符后面输入相应的文本内容,按 Enter 键分段后,下一个项目前导符会自动出现。

(3) 继续输入其他列表项的文本内容,完成整个项目列表的文字输入后,按两次 Enter 键即可停止列表输入。

3.4　添 加 图 像

一个只有文本的网页是非常枯燥且无法引人注意的,因此需要在网页中插入其他元素。图像是最佳选择,精美而生动的图像和图文并茂的展示方式不仅使网页令人赏心悦目,也使网页内容更加引人入胜。

3.4.1　网页图像的基础知识

网页中的图像分为正文图像和装饰图像。正文图像一般是照片,尺寸较大,是网页内容的一部分,且色彩效果视觉冲击力较强。装饰图像用于提供网页的美化效果,如边框、艺术字、小点缀,作为页面或局部的背景等,并在页面上面起导航作用,吸引对页面的注意力,制作时避免使用过大的图像。大多数浏览器都支持 JPEG/JPG、GIF、PNG 格式的图像。

1. JPEG 格式

JPEG 图像是网页中广泛使用的一种图像格式,最多可以支持 1600 万种颜色,适合在需要表现细腻颜色细节的图像上使用,但 JPEG 的图像往往比较大,可以达到几兆字节。由于 JPEG 格式图像具有较高的压缩率,提高了浏览器下载速度,也被广泛应用在网页中。

此格式适用于摄影或连续色调图像的高级格式,这是因为 JPEG 文件可以包含数百万种颜色。随着 JPEG 文件品质的提高,文件的大小和下载时间也会随之增加。通常可以通过压缩 JPEG 文件在图像品质和文件大小之间达到良好的平衡。

2. GIF 格式

GIF 图像是网页中使用最广泛、最普遍的一种图像格式。GIF 文件的众多特点恰恰

适应了 Internet 的需要，于是它成为 Internet 上流行的图像格式。它的出现为 Internet 注入了一股新鲜的活力。GIF 格式的图像具有支持 256 色、支持透明色、支持帧动画、支持交替下载等特点。制作 GIF 文件的软件也很多，如 Photoshop、Animagic GIF、GIG Construction Set、GIF Movie Gear 等。

3. PNG 格式

PNG 图像是采用无损压缩方式的可携式网络图像，是目前最不失真的格式，具有 GIF 和 JPEG 的色彩模式。PNG 同样支持透明图像的制作，不支持动画应用效果。PNG 是 Macromedia Fireworks 软件的默认格式。

3.4.2　插入图像

在网页中插入图像时，需要先将图像放在站点中指定的图像目录下，如 image 文件夹、images 文件夹或 picture 文件夹等。步骤如下。

（1）将光标置于要插入图像的位置，选择"插入"→"图像"命令，如图 3-21 所示，或者按 Ctrl＋Alt＋I 组合键。

（2）打开"选择图像源文件"对话框，在"查找范围"下拉列表中选择图像所在目录，在图像列表中选择目标图像，如图 3-22 所示。

图 3-21　插入图像

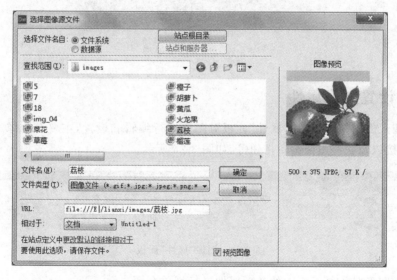

图 3-22　"选择图像源文件"对话框

（3）单击"确定"按钮。若在"首选参数"的"辅助功能"选项卡中，"图像"复选框为选中状态，将会弹出"图像标签辅助功能属性"对话框，如图 3-23 所示。

（4）在该对话框中输入替换文本和详细说明，设置完毕后，单击"确定"按钮，即可将图像插入到网页文档中，如图 3-24 所示。

图 3-23　"图像标签辅助功能属性"对话框

图 3-24　插入图像效果

3.4.3　设置图像属性

选中插入的图像，可通过"属性"面板对图像进行编辑和设置，主要有图像大小、源文件地址、链接以及一些图像编辑按钮等，如图 3-25 所示。

图 3-25　图像"属性"面板

下面就图像"属性"面板中的各项属性进行简单介绍。

（1）源文件：指定图像的源文件地址。

（2）链接：指定图像的超级链接。

（3）替换：为图像输入一个名称或一段简短的描述，在浏览网页时，当鼠标移动到图像上时，即可显示该信息。

（4）编辑：可对图像进行编辑，包括从源文件更新、裁切、重新取样、亮度和对比度以及锐化图像等操作。

（5）宽和高：设置图像在页面中的宽度和高度。

（6）地图：通过热点工具，在图像上绘制热区，并设置其名称、链接地址等。其中，热点工具分为指针热点工具、矩形热点工具、椭圆形热点工具和多边形热点工具。

（7）类：可以对图像应用类样式。

（8）目标：单击其后的下拉按钮，在弹出的下拉列表中可选择链接目标的打开方式。

（9）原始：在载入扩展名为.psd和.png格式的图像文件时，将该文件以.jpeg格式保存到该站点目录中，并在"源文件"中链接所转换格式的文件。

3.4.4 图像占位符

制作网页过程中，经常会用到图像占位符。它只是作为临时代替图像的符号，是在设计阶段使用的占位工具。通过插入一个图像占位符，将需要放置图像的位置和大小固定下来，排版完成后，再插入对应的图像。图像占位符不会在浏览器中显示，以最终插入的图像作为最终效果显示。

插入图像占位符的步骤如下。

（1）先单击确定要插入图像占位符的位置，选择"插入"→"图像对象"→"图像占位符"命令，如图3-26所示。

（2）弹出"图像占位符"对话框，如图3-27所示。

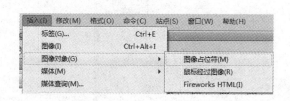

图 3-26 插入图像占位符

图 3-27 "图像占位符"对话框

下面对"图像占位符"对话框中各项属性进行介绍。

（1）名称：作为图像占位符的标签文本，也在应用行为和编写脚本时引用。名称必须以字母开头，并且只能包含字母和数字，不能用空格和特殊字符。

（2）宽度和高度：设置占位符的大小。如果将来插入的图像比占位符大或小，则占位符的大小以图像的大小为准。

（3）颜色：设置占位符的背景颜色，其颜色代码显示在右边的文本框中。

（4）替换文本：该功能与图像属性中的替代功能一样。

设置完各项属性后，单击"确定"按钮，即可插入一个图像占位符。之后用设计好的图像替换图像占位符，按F12键即可预览图像效果。

3.4.5 鼠标经过图像

在网页中可轻松实现图像翻转效果，即通常所说的鼠标经过图像，当鼠标指针经过一

43

幅图像时,它会显示为另一幅图像。鼠标经过图像实际上是由两幅图像组成的,即初始图像(页面首次装载时显示的图像)和替换图像(当鼠标指针经过时显示的图像)。

用于鼠标指针经过图像的两幅图像大小必须相同;如果图像大小不同,Dreamweaver CS6 会自动调整第二幅图像的大小,使之与第一幅图匹配。

插入鼠标指针经过图像的步骤如下。

(1) 在要插入鼠标经过图像的位置单击,选择"插入"→"图像对象"→"鼠标经过图像"命令,如图 3-28 所示。

图 3-28　插入鼠标经过图像

(2) 弹出"插入鼠标经过图像"对话框,在对话框中为图像命名,选择"原始图像"和"鼠标经过图像",并在"替换文本"中输入文字解说内容,然后单击"确定"按钮,插入"鼠标经过图像",如图 3-29 所示。

图 3-29　"插入鼠标经过图像"对话框

(3) 按 F12 键,预览鼠标经过图像效果,如图 3-30 所示。

图 3-30　鼠标经过图像效果图

3.5　添加各种动画

3.5.1　插入 Flash 动画

Flash 动画是网上最流行的动画格式,其扩展名为.swf,被大量用于网页中,深受广大浏览者的喜爱。

1. 插入 Flash 动画

插入 Flash 动画步骤如下。

(1) 将光标定位在需要插入 Flash 动画的位置,选择"插入"→"媒体"→SWF 命令,如图 3-31 所示。

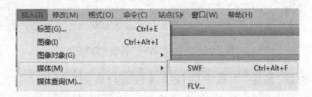

图 3-31　插入 Flash 动画

(2) 打开"选择 SWF"对话框,在对话框中选择要插入的 SWF 文件,如图 3-32 所示。

图 3-32　"选择 SWF"对话框

(3) 单击"确定"按钮,打开"对象标签辅助功能属性"对话框,如图 3-33 所示,在该对话框中单击"确定"按钮,即完成 Flash 动画的插入,如图 3-34 所示。

2. 动画的设置

选中插入的 Flash 文件,可通过"属性"面板对其进行设置,如图 3-35 所示。

图 3-33 "对象标签辅助功能属性"对话框　　　　图 3-34　Flash 动画效果图

图 3-35　Flash 动画"属性"面板

下面对 Flash 动画"属性"面板中的各项属性进行介绍。

(1) 循环:选中该选项时,影片将连续播放;如果没选中该选项,则影片在播放一次后即停止播放。建议选中。

(2) 自动播放:设置 Flash 文件是否在页面加载时就播放。建议选中。

(3) 品质:在影片播放期间控制抗失真。

(4) 比例:可以选择"默认(全部显示)""无边框""严格匹配"3 个选项,建议选择"默认(全部显示)"。

(5) 播放:可以在"网页编辑窗口"中预览选中的 Flash 文件。

(6) 参数:可以为 Flash 文件设置一些特有的参数。

3.5.2　插入 GIF 动画

插入 GIF 动画跟插入图像的方法是一致的,通过选择"插入"→"图像"→选择要插入的 GIF 动画→单击"确定"按钮即可。在此不再详细说明,请参考插入图像的步骤。

3.5.3　插入滚动动画

在网页的设计过程中,动态效果的插入,会使网页更加生动灵活、丰富多彩。

<marquee>标签可以实现元素在网页中移动的效果,以达到动感十足的视觉效果,<marquee>标签是一个成对的标签。

(1) <marquee>标签的基本语法结构:

<marquee>…</marquee>

(2) <marquee>属性列表如表 3-1 所示。

表 3-1 ＜marquee＞标签的属性列表

属 性	说 明
Align	指定对齐方式 top、middle、bottom
Scroll	单向运动
Slide	如幻灯片，一格格的，效果是文字一接触左边就停止
Alternate	左、右往返运动
Bgcolor	设定文字卷动范围的背景颜色
Loop	设定文字卷动次数，其值可以是正整数或 infinite(无限次)，默认为无限循环
Height	设定字幕高度
Width	设定字幕宽度
scrollamount	指定每次移动的速度，数值越大速度越快
scrolldelay	文字每一次滚动的停顿时间，单位是毫秒。时间越短滚动越快
Hspace	指定字幕左右空白区域的大小
Vspace	指定字幕上下空白区域的大小
Direction	指定文字的卷动方向，left 表示向左，right 表示向右，up 表示往上滚动
Behavior	指定移动方式：scoll 表示滚动播出，slide 表示滚动到一方后停止，alternate 表示滚动到一方后向相反方向滚动

（3）举例。

```
<html>
<body>
<center>
<font size="14" color="ff0000">滚动字幕</font><br>
<marquee>我会跑了</marquee>
<marquee bgcolor="＃ffffcc" width="600" behavior="alternate">我会来回跑了</marquee>
<marquee height="400" direction="up" hspace="200">我会往上跑了<br>我会往上跑了
</marquee>
<marquee direction="right">我会往右跑了</marquee>
<marquee height="400" direction="down">我会往下跑了</marquee>
<marquee bgcolor="＃ffffcc" width="600" behavior="alternate">我会来回跑了</marquee>
<marquee behavior="slide">我跑到目的地就该休息了</marquee>
<marquee scrollamount="2">我累了，要慢慢地溜达</marquee>
<marquee scrolldelay="300">我累了，要走走停停</marquee>
<marquee scrollamount="25">所有人都没有我跑得快</marquee>
<marquee><img src="g:\2014-2015第二学期\网页制作\JPG图片素材\5.jpg" width="200"
height="150">图片也可以跑啦!</marquee>
<marquee bgcolor="＃ffffcc" width="600" vspace="30"><font size="15" color="＃ffcc99">
滚动文字有背景了</font></marquee>
<br>
滚动字幕学完了。
</center>
</body>
</html>
```

3.6 添加音频播放功能

在网页中可插入的声音格式有很多,主要包括以下几种。

(1) WAV:这种格式的文件具有较高的声音质量,能够被大多数浏览器支持,并且不需要插件。

(2) MP3:是一种压缩格式的声音,可以令声音文件相对于 WAV 格式明显缩小。其声音品质非常好。

(3) MIDI 或 MID:是一种乐器声音的格式,它能够被大多数浏览器支持,并且不需要插件。尽管其声音品质非常好,但根据浏览者声卡的不同,声音效果也会有所不同。很小的 MIDI 文件也可以提供较长时间的声音剪辑。

(4) RA 或 RAM、RPM 或 Real Audio:这种格式具有非常高的压缩程度,文件大小小于 MP3。全部歌曲文件可以在合理的时间范围内下载。因为可以在普通的 Web 服务器上对这些文件进行"流式处理",所以浏览者在文件完全下载完之前即可听到声音,前提是浏览者必须先要下载并安装 RealPlayer 辅助应用程序。

3.6.1 插入声音

插入声音步骤如下。

(1) 把光标定位到要插入声音的位置,选择"插入"→"媒体"→"插件"命令,如图 3-36 所示。

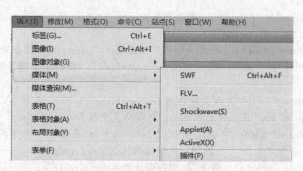

图 3-36 选择"插件"命令

(2) 在弹出的"选择文件"对话框中,选择要插入的声音文件,如图 3-37 所示。

(3) 单击"确定"按钮,并调整到适当大小,插入后的声音文件如图 3-38 所示,保存文件并浏览,效果如图 3-39 所示。

3.6.2 插入背景音乐

声音能极好地烘托网页的氛围,只是要考虑添加声音后会大大增加文件的大小,所以要谨慎、精打细算地使用音乐。在 Dreamweaver CS6 中添加背景音乐的方法有两种:一种是通过手写代码实现;另一种是通过"行为"实现。这里介绍以代码实现的方法。可视

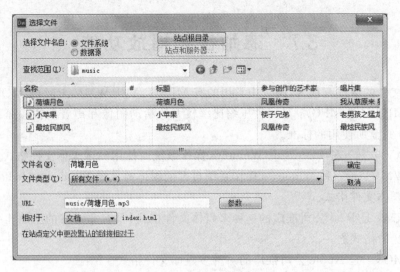

图 3-37 "选择文件"对话框

图 3-38 设计视图中的声音文件

图 3-39 预览声音文件

化操作方式和前面的类似。

在 Dreamweaver CS6 中,切换到拆分视图,将光标定位在＜head＞…＜/head＞之间,然后添加代码。

(1)基本语法格式:

＜bgsound src="?" autostart="?" loop="?"＞

(2)属性说明如下。

① src:设定音频文件及路径。

② autostart:设置是否在音乐播放完之后,自动播放音乐。true 为自动播放,false 为否(默认值)。

③ loop:设置是否自动反复播放。loop＝2 表示重复二次;infinite 表示重复多次,直到网页关闭为止。

(3)举例。

＜bgsound src＝meitifiles/music.mp3 loop＝true＞

49

3.7　添加视频播放功能

视频文件的格式有很多,网页中常用的有 MPEG、AVI、WMV、RM 和 MOV 等。

(1) MPEG(或 MPG):是一种压缩比率较大的活动图像和声音的视频压缩标准,它也是 VCD 光盘所使用的标准。

(2) AVI:是一种 Microsoft Windows 操作系统所使用的多媒体文件格式。

(3) WMV:是一种 Windows 操作系统自带的媒体播放器 Windows Media Player 所使用的多媒体文件格式。

(4) RM:是 Real 公司推广的一种多媒体文件格式,具有非常好的压缩比率,是网上应用最广泛的格式之一。

(5) MOV:是 Apple 公司推广的一种多媒体文件格式。

插入视频步骤如下。

(1) 把光标定位到要插入视频的位置,选择"插入"→"媒体"→"插件"命令,如图 3-40 所示。

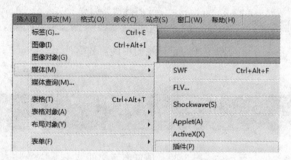

图 3-40　选择"插件"命令

(2) 在弹出的"选择文件"对话框中,选择要插入的视频文件,如图 3-41 所示。

图 3-41　"选择文件"对话框

（3）单击"确定"按钮，并调整到适当大小，插入后的视频文件如图 3-42 所示，保存文件并浏览，效果如图 3-43 所示。

图 3-42　设计视图中的视频文件

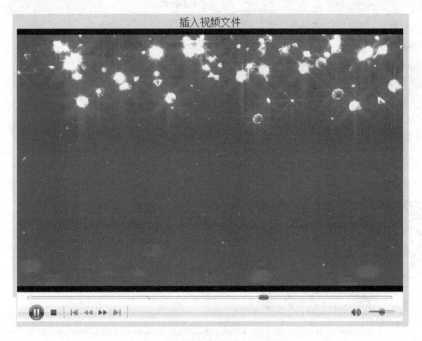

图 3-43　浏览器中的视频文件

3.8 添加超链接

超级链接简称超链接、链接,是指从一个网页指向一个目标的连接关系,这个目标可以是另一个网页,也可以是相同网页上的不同位置,还可以是一个图片,一个电子邮件地址,一个文件,甚至是一个应用程序。而在一个网页中用来超链接的对象,可以是一段文本或者是一个图片。当浏览者单击已经链接的文字或图片后,链接目标将显示在浏览器上,并且根据目标的类型来打开或运行。

如果以链接的媒介来划分,可以分为文字链接、图像链接、图像地图链接、电子邮件链接、命名锚记链接、文件下载链接和跳转菜单链接。

3.8.1 文字链接

文字链接就是以文字为媒介建立起来的超级链接形式。它是所有网页超级链接中运用最为广泛的链接之一,其特点是文件小、制作简单、便于维护。

创建文字链接的步骤如下。

(1) 准备好已经制作完成的网页 index. html、1. html、2. html、3. html 界面,分别如图 3-44~图 3-47 所示。

图 3-44 index. html 界面

图 3-45　1.html 界面

图 3-46　2.html 界面

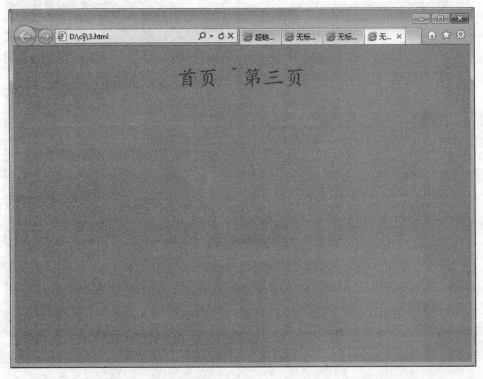

图 3-47　3.html 界面

（2）在 index.html 中选取作为链接的文字"第一页"，如图 3-48 所示。

（3）单击属性栏中"链接"文本框后的 📁（浏览文件）按钮，如图 3-49 所示。在弹出的对话框中选择"1.html 文件"，如图 3-50 所示。

图 3-48　选取文字"第一页"　　　　　　　图 3-49　属性栏中"链接"文本框

（4）在属性栏中的"目标"下拉列表中选择链接网页显示的窗口方式为_blank，如图 3-51 所示。

"目标"下拉列表中各项的作用如下。

① _blank：在新窗口中打开链接的网页，原来的浏览窗口仍然存在。

② _parent：通常用于框架页面中。

③ _self：在当前文件中打开链接网页。

④ _top：在最高等级的窗口中打开链接网页。

（5）这样就完成了"第一页"的链接设置。

（6）按照同样的方法完成"第二页"和"第三页"的链接设置。最终的 index.html 文件的页面效果，如图 3-52 所示。

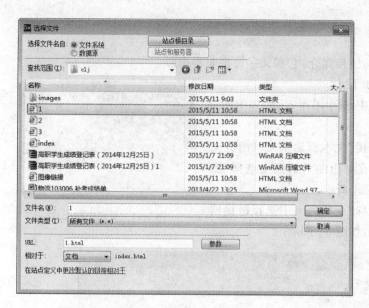

图 3-50 选择 1.html 文件

图 3-51 "目标"下拉列表

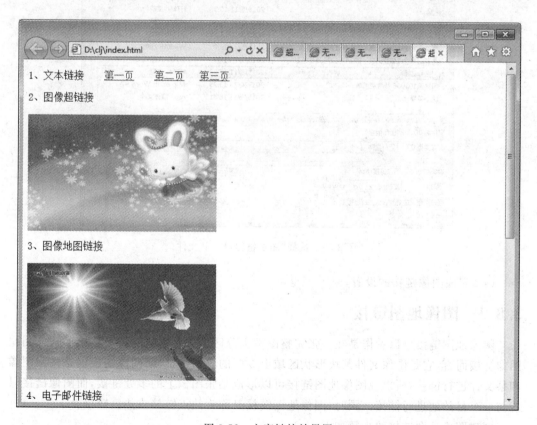

图 3-52 文字链接效果图

3.8.2　图像链接

图像也是经常被使用的链接媒介，它和文字链接非常相似。

创建图像链接的步骤如下。

（1）在 index.html 文件中，选中图片 2.jpg，如图 3-53 所示。

（2）单击属性栏中"链接"文本框后的 □（浏览文件）按钮，如图 3-49 所示。在弹出的对话框中选择"图像链接.html"文件，如图 3-54 所示。

（3）在属性栏中的"目标"下拉列表中选择链接网页显示的窗口方式为_blank，如图 3-51 所示。

图 3-53　要选中的图片

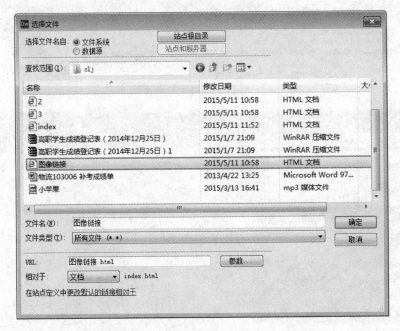

图 3-54　选择"图像链接.html"文件

（4）完成图像链接的设置。

3.8.3　图像地图链接

图像地图链接可以看作是在一张完整图像上分区域分别创建的超级链接形式。相比图像链接而言，它是图像文件某块形状区域上专门的应用链接，而图像链接则是整张图像和某文件进行链接，所以说图像地图链接可以形成某张图像上的多处链接，而图像链接只能与一个目的地进行链接。同时，图像地图链接又称为热点链接或热区链接。

创建图像地图链接的步骤如下。

（1）在 index.html 文件中，选中图片 1.jpg，如图 3-55 所示。

（2）在"属性"面板中找到"矩形热点工具"，如图 3-56 所示。用矩形热点工具，在图像上选择"鸽子"区域,如图 3-57 所示。

图 3-55　要选中的图片

图 3-56　矩形热点工具

图 3-57　创建图像热点区域

(3) 在热点"属性"面板中单击链接后的  按钮,选择之前准备好的网页文件"飞翔中的鸽子.html",如图 3-58 所示。

图 3-58　设置图像热点链接

(4) 完成图像地图链接的设置。

3.8.4　电子邮件链接

电子邮件链接,是指在单击该链接之后,直接触发启动 Outlook Express 发送电子邮件软件,并默认打开新建的一个空白的、新的电子邮件,提供给用户撰写。

创建电子邮件链接的步骤如下。

(1) 在网页文档中输入"联系我们"。

(2) 选择"联系我们",从菜单中选择"插入"→"电子邮件链接"命令,如图 3-59 所示。

(3) 在弹出的"电子邮件链接"对话框中,在"电子邮件"后面输入邮箱地址,如图 3-60 所示。

图 3-59　插入电子邮件链接

图 3-60　"电子邮件链接"对话框

57

（4）单击"确定"按钮，完成电子邮件链接的制作。

（5）保存并预览。单击"联系我们"就会弹出电子邮件撰写软件，如图 3-61 所示。

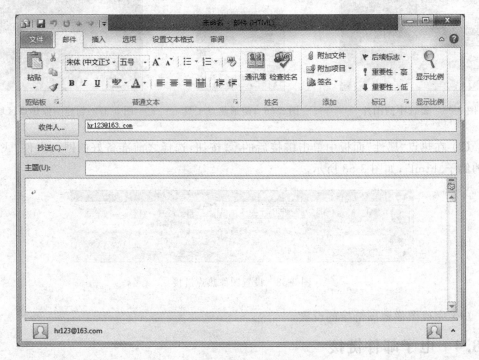

图 3-61　电子邮件链接浏览效果

3.8.5　命名锚记链接

经常通过网络浏览新闻报道、阅读书籍刊物等大量信息的用户不难发现，拥有大量信息内容的网页，其滚动条会变得很长，浏览网页内容时，使用命名锚记链接法，可以很好地解决这一问题。这种链接方式最大的优点就是，当单击它时，页面可以跳到指定的位置，通常在大型网站中都有应用，特别是在书籍、报刊、期刊网页中的应用尤为广泛。

创建命名锚记链接的步骤如下。

（1）将光标定位在文档的开始位置，选择"插入"→"命名锚记"命令，如图 3-62 所示。

（2）在命名锚记"属性"对话框中，输入此命名锚记的名称 top，如图 3-63 所示。

（3）单击"确定"按钮。这时可以看到在指定位置已经插入了一个锚记符号，如图 3-64 所示。这一位置也就是后面单击链接之后要指向跳转的位置。

（4）选中文字"返回顶部"，如图 3-65 所示，在属性面板中设置链接地址为♯top，如图 3-66 所示。

图 3-62　插入"命名锚记"命令

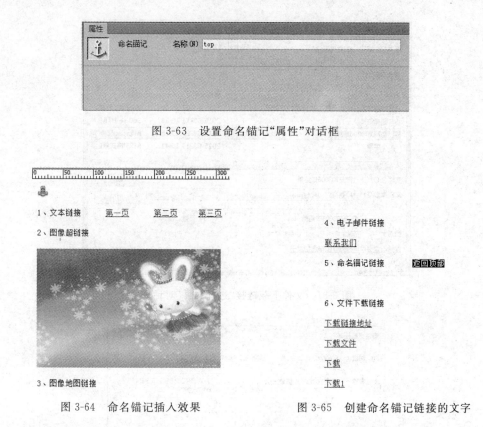

图 3-63　设置命名锚记"属性"对话框

图 3-64　命名锚记插入效果　　　　图 3-65　创建命名锚记链接的文字

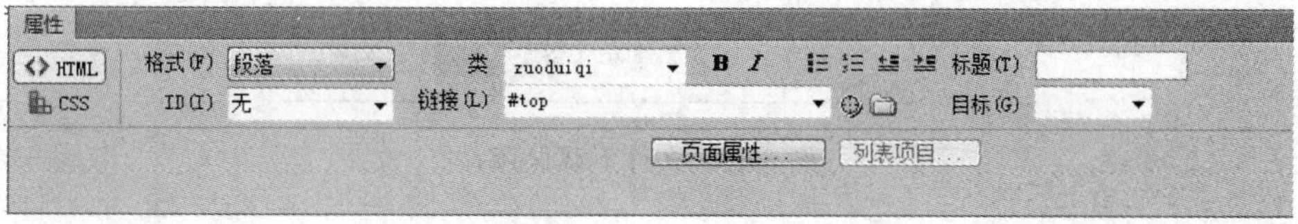

图 3-66　链接命名锚记

（5）保存网页，按 F12 进行预览。单击"返回顶部"按钮，这时网页马上跳转至首行顶部。

3.8.6　文件下载链接

文件下载链接就是通过某个对象进行链接，单击之后可以对其文件内容进行下载操作。

创建文件下载链接的步骤如下。

（1）在网页文档中输入"下载文件"，右击，选择"创建链接"。

（2）在弹出的对话框中选择"物流 103006 成绩单"文件，如图 3-67 所示。

（3）单击"确定"按钮，会弹出"新建下载任务"对话框，如图 3-68 所示。设置保存位置，单击"下载"，这样就可以把文件下载到指定位置了。

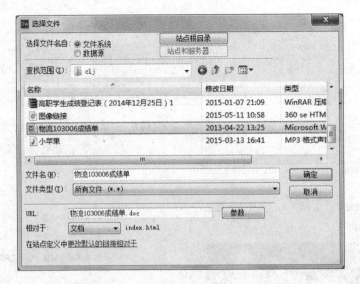

图 3-67　文件下载链接"选择文件"对话框

图 3-68　文件下载保存

3.9　设置关键字

要想使网页被更多的浏览者看到,就需要给网页设置关键字。网页关键字对搜索引擎来说起着不容忽视的作用。用户使用搜索引擎搜索网页时,是通过网页关键字找到网页的。大多数搜索服务器每隔一段时间会自动探测网络中是否有新网页产生,并把它们按关键字进行记录,以方便用户查询。如果关键字设置准确,搜索引擎就能很快地搜索到该网页,将其显示在用户的搜索列表中。

设置关键字的步骤如下。

(1) 选择"插入"→HTML→"文件头标签"→"关键字"命令,如图 3-69 所示。

(2) 打开"关键字"对话框,在文本框中输入关键字(如伊利 销售),单击"确定"按钮,关键字添加完成,如图 3-70 所示。

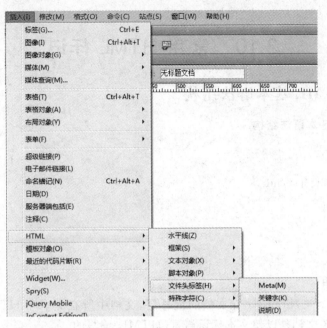

图 3-69　添加"关键字"命令

（3）设置网页"说明"文字。选择"插入"→HTML→"文件头标签"→"说明"命令，打开"说明"对话框，在文本框中输入要说明的文字内容，单击"确定"按钮，完成说明文字的设置，如图 3-71 所示。

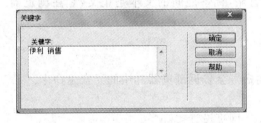

图 3-70　"关键字"对话框

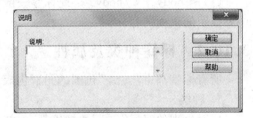

图 3-71　"说明"对话框

（4）对网页进行"刷新"设置。选择"插入"→HTML→"文件头标签"→"刷新"命令，打开"刷新"对话框，在"延迟"文本框中输入延迟时间，选中"转到 URL"单选按钮，在文本框中输入跳转的网页地址，单击"确定"按钮，完成刷新功能的设置，如图 3-72 所示。

图 3-72　"刷新"对话框

61

3.10 常用 HTML 标记

3.10.1 HTML 基本语法结构

1. HTML 基本语法结构

```
<html>
<head>
<title>网页设计</title>
</head>
<body>
我的大学
</body>
</html>
```

2. 属性说明

（1）＜html＞＜/html＞：在文档的最外层，文档中所有文本和 HTML 标签都包含在其中，它表示该文档是以超文本标识语言（HTML）编写的。

（2）＜head＞＜/head＞：HTML 文档的头部标签，在浏览器中，头部信息是不被显示的，在此标签中可以说明文件的标题和整个文件的一些公共属性。

（3）＜title＞＜/title＞：嵌套在＜head＞头部标签的，标签之间的文本是文档标题，它被显示在浏览器窗口的标题栏。

（4）＜body＞＜/body＞：此标签一般不省略，标签之间的文本是正文，是在浏览器中要显示的页面内容。

3.10.2 标签种类及属性

所有标签都由"＜ ＞"包围的元素构成，尖括号会告诉浏览器其中的元素是命令。

1. 种类

成对出现的双标签：起始标签都有，如＜p＞网页设计＜/p＞。

单标签：只有起始标签，如＜br＞段内换行。

2. 属性

属性能对标签进行补充说明，所有属性放在开始标签的尖括号里，属性之间用空格分开。

3.10.3 各种标签的功能及使用

1. 标题标签

（1）基本语法格式

```
<hn>…</hn>
```

例：

```
<h1>第一级标题</h1>
<h2>第二级标题</h2>
<h3>第三级标题</h3>
```

注意：n 的值越大，标题字体越小。

（2）属性

align 属性：设置对齐方式，值可以为 left（左对齐）、center（居中）、right（右对齐）。

（3）举例

```
<h1 align="left">居左显示</h1>
<h2 align="center">居中显示</h2>
<h3 align="right">居右显示</h3>
```

2. 段落标签

（1）基本语法格式

```
<p>…</p>
```

（2）属性

align 属性：设置对齐方式，值可以为 left（左对齐）、center（居中）、right（右对齐）。

（3）举例

```
<p align="center">欢迎光临!</p>
```

3. 换行标签

段内换行。

4. 字体标签

（1）基本语法格式

```
<font color="?" size="?" face="?">显示的文字</font>
```

（2）属性

① color：字体颜色，值为颜色的十六进制代码。

② size：字体大小，范围 1～7。

③ face：字体，值为字体名称。

（3）举例

```
<font color="#ff0000" size="5" face="黑体">显示的文字</font>
```

5. 字体显示方式标签

（1）黑体字。

（2）<i>斜体字</i>。

（3）<u>加下画线</u>。

6. 预排板标签

（1）基本语法格式

```
<pre>…</pre>
```

（2）属性

此标签中的内容，浏览器几乎不做修改地原样输出。

（3）举例

```
<pre>
```

```
欢迎光临!
   欢迎光临!
      欢迎光临!
</pre>
```

7. 水平线标签

（1）基本语法格式

```
<hr align="?" size="?" width="?" color="?" noshade>
```

在默认所有属性的情况下,水平线显示为一条带阴影的横线,横跨浏览器整个窗口。

（2）属性

① align：对齐方式,值为 left、center、right。

② size：水平线高度。

③ width：水平线宽度。

④ color：水平线颜色。

⑤ noshade：取消阴影显示。

（3）举例

```
<hr align="center" size="8" width="300" noshade color="#ff0000">
```

8. 注释标签

（1）基本语法格式

```
<!--注释的内容-->
```

（2）属性

注释内容不会在浏览器中显示,但在源代码中可以看见并呈灰色。

（3）举例

```
<!--网页制作实例-->
```

9. 有序列表标签

（1）基本语法格式

```
<ol type=n start=?>
    <li>第 1 项
    <li>第 2 项
    …
    <li>第 n 项
</ol>
```

（2）属性

① type：序号类型。

• type=A：用大写字母作为序号（A,B,C,…）。

• type=a：用小写字母作为序号（a,b,c,…）。

• type=Ⅰ：用大写罗马数字作为序号（Ⅰ,Ⅱ,Ⅲ,…）。

• type=i：用小写罗马数字作为序号（i,ii,iii,…）。

• type=1：用阿拉伯数字作为序号（1,2,3,…）（默认值）。

② start：可选参数，设置序号的起始数值，不添加，从第一个序号开始。

（3）举例

```
<ol type="1" start="1">
    <li>星期一
    <li>星期二
    <li>星期三
</ol>
```

10．无序列表标签

（1）基本语法格式

```
<ul type=n >
    <li>第 1 项
    <li>第 2 项
    …
    <li>第 n 项
</ul>
```

（2）属性

type：强调符类型。

type＝"disc"，强调符为实心圆形●。

type＝"square"，强调符为实心方形■。

type＝"circle"，强调符为空心圆形○。

（3）举例

```
<ul type="circle">
    <li>我的大学</li>
    <li>我的大学</li>
    <li>我的大学</li>
</ul>
```

11．插入图像标签

（1）基本语法格式

```
<img src="url">
```

（2）属性

① src：指明要添加的图像所在的具体路径和文件名，路径可以是相对的，也可以是绝对的。

② border＝"n"：图像边框。

③ vspace＝"n"：图像、文字与图像上下之间的间隔。

④ hspace＝"n"：图像、文字与图像左右之间的间隔。

⑤ width＝"n"：图像的宽度。

⑥ height＝"n"：图像的高度。

⑦ alt＝"…"：当浏览器无法显示图像时，会显示出 alt 属性所设定的文字。

65

（3）举例

<img src="g:\2014-2015 第二学期\网页制作\JPG 图片素材\17.jpg" width="200" height="150" vspace="10" hspace="50" >

12. 使用背景图像
基本语法格式：

<body background="url">

例：

<body background="g:\2014-2015 第二学期\网页制作\JPG 图片素材\8.jpg">
…
</body>

13. 滚动字幕标签
详见 3.5.3 小节"插入滚动动画"。

14. 插入多媒体文件
（1）基本语法格式
格式一：

<embed src=地址 autostart=值 loop=值 width=值 height=值 type=值>

格式二：

<embed src=地址 autostart=值 loop=值 hidden type=值>

（2）属性
① src：设定音乐文件的路径。
② autostart：设置是否要自动播放。
③ loop：设置播放重复次数。
④ width：设置播放控件面板的宽度，建议为 300～500。
⑤ height：设置播放控件面板的高度。
⑥ hidden=true：隐藏播放控件面板。
⑦ controls=console/smallconsole：设置播放控件面板的样子。
⑧ type：用于指播放机的插件类型，type 的取值依据和取值规定如下。
WMP：audio/mpeg。
RP 类：application/octet-stream。
Flash：application/x-shockwave-flash。
（3）举例

插入音频：<embed src="g:\2014-2015 第二学期\网页制作\音乐素材\小苹果.mp3" height="150" width="400" autostart="true" loop="3">
插入视频：<embed src="g:\2014-2015 第二学期\网页制作\视频素材\婚礼片头.avi" width="200" type="audio/mpeg" height="150" border="3">

15. 嵌入背景音乐

（1）基本语法格式

```
<bgsound src="?" autostart="?" loop="?">
```

（2）属性

① src：设置音频文件的路径。

② autostart：设置是否要自动播放。

③ loop：设置播放重复次数。

注意： 这种添加背景音乐的方法是最基本的方法，也是最常用的一种方法，对于背景音乐的格式，支持现在大多的主流音乐格式，如 WAV、MID、MP3 等，这种方式将不调用媒体播放器，此标签设置背景音乐，只适用于 IE。此标签可放在<body></body>或<head></head>。

（3）举例

```
<bgsound src="g:\2014-2015 第二学期\网页制作\音乐素材\小苹果.mp3" autostart="true" loop=2>
```

3.11　项目：制作个人网站——在网页中添加各种对象

3.11.1　项目描述

互联网中的网站，按功能可划分为内容型、服务型、电子商务型，这三种类型的划分并不是绝对的，可以相互交叉。其中个人网站属于内容型，是展示自己的一个平台，所以一定要体现个人魅力，有自己的独到之处。

3.11.2　项目分析

希望通过制作个人网站，使本章所讲知识能够得到更好地运用。

3.11.3　项目实施

以制作个人主页（效果图如图 3-73 所示）为例，来更好地学习、掌握向网页中添加各种对象的方法及属性的设置。制作步骤如下。

（1）在本地磁盘新建文件夹 grzy，并将制作网页所需的 images 素材文件夹和 zhuyebuju2. html 文件复制到 grzy 根目录下。

（2）启动 Dreamweaver CS6，新建站点 grzy，然后双击打开 zhuyebuju2. html 文件，如图 3-74 所示。

（3）在"标题"文本框中输入"温馨小屋"，如图 3-75 所示。

（4）设置网页的页面属性。定位光标到表格外侧，在"属性"面板里单击"页面属性"，在"页面属性"对话框的"分类"中选择"外观（CSS）"，然后再设置"背景图像"为 images/beijing.jpg，单击"确定"按钮即可，效果如图 3-76 所示。

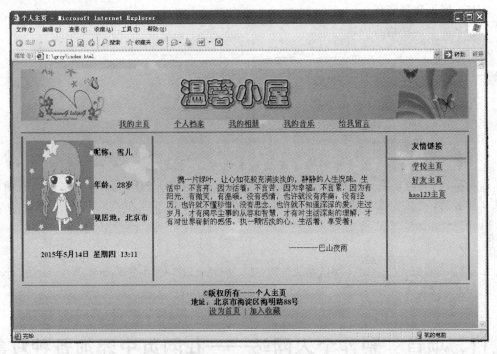

图 3-73 "个人主页"效果图

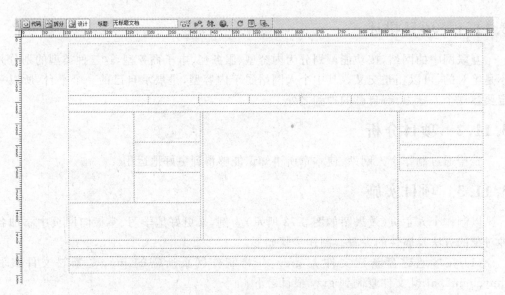

图 3-74 "个人主页"的布局

图 3-75 设置"标题"

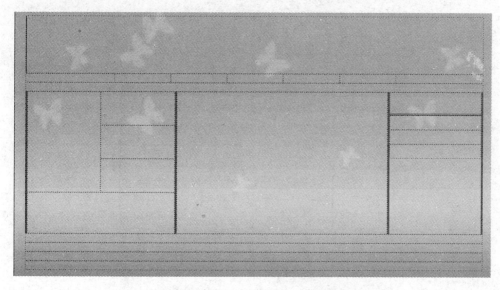

图 3-76 设置完背景图像的效果图

（5）在第一行单元格里插入图像 banner.jpg。定位光标到此单元格，选择"插入"→"图像"命令，在弹出的"选择图像源文件"对话框中，选择 banner 文件，如图 3-77 所示，单击"确定"按钮即可，效果如图 3-78 所示。

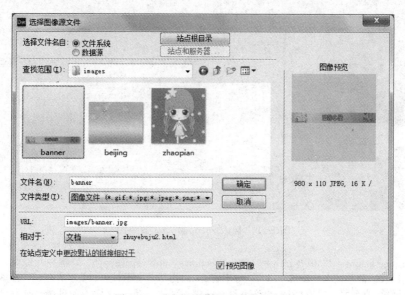

图 3-77 "选择图像源文件"对话框

（6）按照同样的方法，参照图 3-73 的效果图，插入图像 zhaopian.jpg 文件，效果如图 3-79 所示。

（7）插入滚动字幕。定位光标到指定单元格，单击"拆分"视图，在"代码"中光标所在位置插入如下代码：

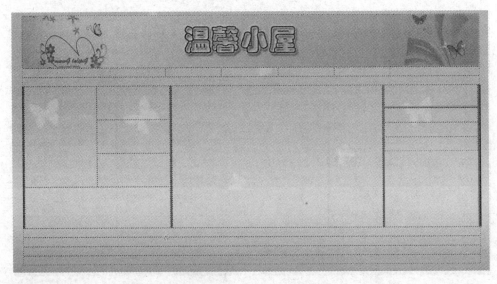

图 3-78　插入 banner.jpg 效果图

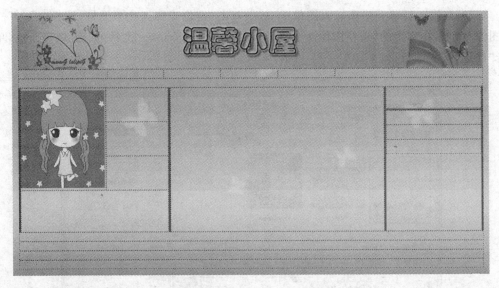

图 3-79　插入 zhaopian.jpg 效果图

<marquee height="300" width="450" direction="up" vspace="5">携一片绿叶,让心如花般充满淡淡的、静静的人生况味。生活中,不言弃,因为活着;不言苦,因为幸福;不言累,因为有阳光,有微笑,有温暖。没有感情,也许就没有疼痛;没有经历,也许就不懂珍惜;没有思念,也许就不知道深深的爱。走过岁月,才有阅尽尘事的从容和智慧,才有对生活深刻的理解,才有对世界崭新的感悟。执一颗恬淡的心,生活着,享受着! ——巴山夜雨</marquee>

效果如图 3-80 所示。

(8) 参照图 3-73 的效果图,输入网页中的所有文字,包括"我的主页""个人档案""我的相册""我的音乐""给我留言""友情链接""学校主页""好友主页""hao123 主页""©版权所有——个人主页""××市××区海明路 88 号"和"设为首页|加入收藏",并设置属性

70

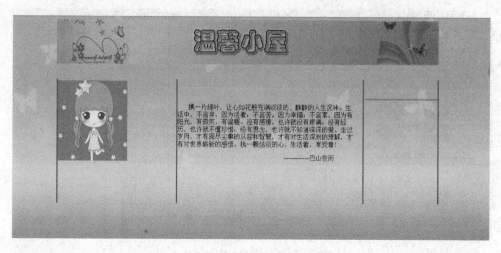

图 3-80　插入滚动文字效果图

为加粗和居中对齐。"昵称：雪儿""年龄：28 岁"和"现居地：××市",文字设置为加粗和左对齐,效果如图 3-81 所示。

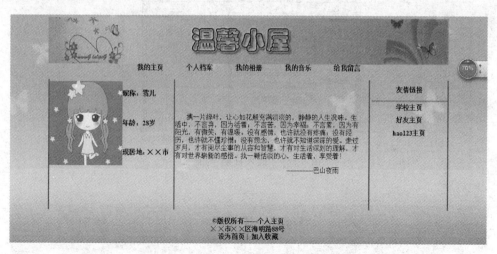

图 3-81　输入文字后的效果图

（9）插入水平线。定位光标到指定位置,选择"插入"→HTML→"水平线"命令,并设置水平线的属性为居中,宽度为 980px,高度为 2px,颜色为♯FF00FF,代码如下：

```
<hr align="center" width="980" size="2" color="♯FF00FF" />
```

效果如图 3-82 所示。

（10）插入日期和时间。定位光标到指定位置,选择"插入"→"日期"命令,在弹出的"插入日期"对话框中设置"星期格式""日期格式"和"时间格式"并选中"储存时自动更新"复选框,如图 3-83 所示,单击"确定"按钮,并设置日期和时间为加粗、居中,效果如图 3-84 所示。

图 3-82 插入水平线后的效果图

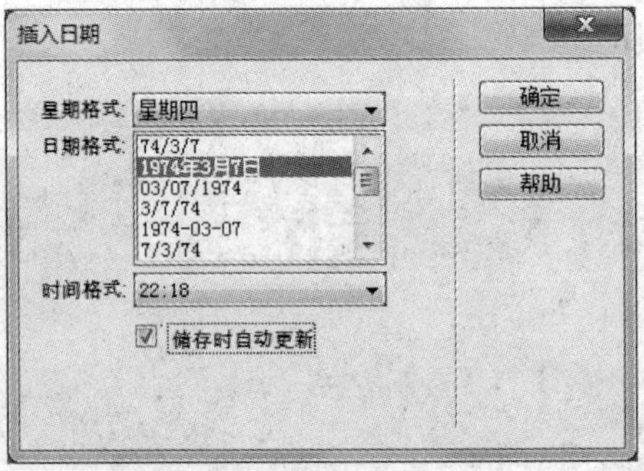

图 3-83 "插入日期"对话框

图 3-84 插入日期和时间后的效果图

　　(11) 创建超链接(创建空链接即可)。分别选中"我的主页""个人档案""我的相册""我的音乐""给我留言""学校主页""好友主页""hao123 主页""设为首页""加入收藏",在"属性"面板"链接"中输入"♯"即可,效果如图 3-73 所示。至此,整个页面制作完毕。

3.11.4　项目总结

　　本项目以制作个人主页为例,详细讲解了制作过程。希望通过本项目的学习,读者能够更好地掌握向网页中添加各种对象的方法及属性的设置。

习　题　3

一、填空题

　　1. 在菜单栏中选择"插入/HTML"中的＿＿＿＿命令,可以在文档中插入一条水平线。

　　2. 根据路径的不同,超链接可分为相对路径和＿＿＿＿。

二、选择题

　　1. 只是作为临时代替图像的符号,在设计阶段使用的占位工具是(　　　)。

　　　A. Flash 动画　　　　B. 图像占位符　　　　C. 视频　　　　　　　D. 背景音乐

　　2. 在网页中使用最为普遍的图像格式是(　　　)。

　　　A. GIF 和 BMP　　　　　　　　　　B. GIG 和 JPG

　　　C. BMP 和 JPG　　　　　　　　　　D. BMP 和 PSD

三、简答题

　　1. 什么是鼠标经过图像? 如何设置鼠标经过图像效果?

　　2. 根据目标端点的不同,超链接可分为哪几种?

第4章 使用表格规划布局网页

在进行网页的布局设计时,表格是常用的工具之一,表格在网页中不仅可以排列数据,还可以对页面中的图像、文本、动画等元素进行准确的定位,使页面显得整齐有序、分类明确,便于访问者浏览。使用表格布局网页,在不同平台和不同分辨率的浏览器中都能保持原有的布局。本章将主要介绍如何使用表格规划布局网页。

教学目标
1. 了解网页布局基础知识。
2. 掌握创建和编辑表格的方法。
3. 能够使用表格布局网页。

4.1 网页布局基础知识

网页布局是指通过合理安排,使网页上的元素以一定顺序和结构显示出来。网页布局和网站的内容、风格相关。在进行网页布局时,首先要多参考各类网站的布局模式,然后再根据需要,设计适合自己网站的布局类型。

4.1.1 网页布局类型

常见网页布局类型如下所述。

(1) T形布局。指页面顶部为网站标志(或横幅)和导航条,下面左侧为主菜单,右侧显示内容的布局。这是网页设计中应用最广泛的一种布局类型。这种布局的优点是页面结构清晰、主次分明;缺点是规矩呆板。

(2) "口"形布局。指网页上方显示网站标志和导航条,下方显示版权信息,中间部分的左侧是主菜单,右侧放置友情链接,中间放置主要内容的布局。这种布局的优点是充分利用版面,信息量大;缺点是页面拥挤,显示不够灵活。

(3) "三"形布局。指页面上横向两条色块,将页面整体分割为3部分,中间正文一般为文字的布局。这种布局常用于简单网页,例如论坛帖子、文学网站等。

(4) POP形布局,又称"随意"形布局。常用于时尚站点、产品宣传的企业网站和个人站点。这种布局的优点是漂亮,容易吸引浏览者注意;缺点是反应速度慢。

4.1.2 网页布局注意事项

平时在构建网页布局时,要注意以下几点。

（1）设置合适的显示器分辨率。

现在主流的计算机显示器是 17 英寸,显示器分辨率一般应设置为 1024×768,最佳显示分辨率为 1005×600,设置显示分辨率的方法为选择菜单栏中的"编辑"→"首选参数"命令,打开"首选参数"对话框,首先在左侧的"分类"列表中选择"窗口大小",然后在右侧单击选择合适的选项即可;或者单击"文档工具栏"中的"多屏幕"按钮,在其下拉菜单中进行选择,如图 4-1 所示。

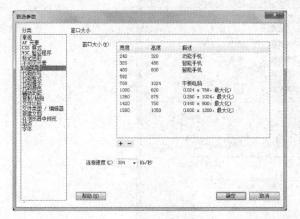 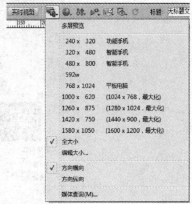

图 4-1　设置显示分辨率

因为大多数网页内容都不能在一个屏幕显示完,所以一般只设置网页的宽度,允许滚屏显示,但滚屏显示时,一般不超过 3 屏。

（2）布局类型一致。

对于小型网站,主页一般使用一种布局类型就可以了;对于一些大型网站,由于首页内容繁多,一般将其划分成几种基本的布局类型显示;对于二级页面,页面布局要一致,可以在颜色和各布局模块的大小比例上有所不同。

（3）不要随意改动网页布局。

布局类型一旦确定就不要随意改动,应用布局类型制作出实用又漂亮的网页需要长期学习和积累。

（4）在构建网页布局时,可以使用标尺、辅助线和网格等进行网页元素的移动与定位。在"查看"菜单项下可以设置标尺、辅助线和网格的显示。

4.2　表　　格

表格由若干行和列组成,行和列交叉的区域称为单元格。一般以单元格为单位来插入网页元素,也可以行和列为单位来修改性质相同的单元格。网页中还有一种仅用于网页布局的无形表格,这种表格只在设计时可见。合理运用表格布局网页,可以使页面结构清晰、形式多样。

4.2.1 创建表格

创建表格步骤如下。

（1）在菜单栏中选择"插入"→"表格"命令，或单击"插入"面板→"常用"类别中的→"表格"按钮，弹出"表格"对话框，如图 4-2 所示。

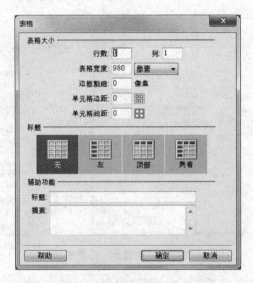

图 4-2 "表格"对话框

"表格"对话框中各项的含义如下。

① 行数、列：用于设置表格的行数和列数。

② 表格宽度：以像素为单位或以浏览器窗口宽度的百分比设置表格的宽度。

③ 边框粗细：以像素为单位设置表格边框的粗细。对于大多数浏览器，此选项值设置为 1。如果用表格进行页面布局，须将此选项值设置为 0，浏览网页时就不显示表格的边框。

④ 单元格边距：设置单元格边框与单元格内容之间的像素数。对于大多数浏览器，此选项值设置为 1。如果用表格进行页面布局，须将此选项值设置为 0，浏览网页时单元格边框与内容之间没有间距。

⑤ 单元格间距：设置相邻单元格之间的像素数。对于大多数浏览器，此选项值设置为 2。如果用表格进行页面布局，须将此选项值设置为 0，浏览网页时单元格之间没有间距。

⑥ 标题：设置表格标题，它显示在表格的外面。可以在其上方的列表中选择表格标题相对于表格的显示位置。

⑦ 摘要：对表格的说明，但该文本不会显示在用户的浏览器中，仅在源代码中显示，可提高源代码的可读性。

（2）根据需要设置表格的大小、行数、列数等，单击"确定"按钮完成表格的插入，随即在编辑窗口中出现相应的表格。

4.2.2　表格属性

插入表格后,选择不同的表格对象,可以在"属性"面板中看到它们的各项参数,修改这些参数可以得到不同风格的表格。

1. 表格属性

表格的"属性"面板如图 4-3 所示。

图 4-3　表格的"属性"面板

表格"属性"面板中各项的含义如下。

（1）表格:其下方文本框用于标志表格。

（2）行、列:用于设置表格中行和列的数目。

（3）宽:用于设置表格的宽度,单位为像素或百分比。

（4）填充:也称单元格边距,是单元格内容和单元格边框之间的像素数。对于大多数浏览器,此选项值设置为 1。如果用表格进行页面布局,须将此选项值设置为 0,浏览网页时单元格边框与内容之间没有间距。

（5）间距:也称单元格间距,是相邻单元格之间的像素数。对于大多数浏览器,此选项值设置为 2。如果用表格进行页面布局,须将此选项值设置为 0,浏览网页时单元格之间没有间距。

（6）对齐:表格在页面中相对于同一段落其他元素的像素位置,有左对齐、居中对齐、右对齐 3 个选项,默认为左对齐。

（7）边框:以像素为单位设置表格边框的宽度。

（8）"清除列宽"按钮 和"清除行高"按钮 :从表格中删除所有明确指定的列宽和行高数值。

（9）"将表格宽度转换为像素"按钮 :将表格宽度的单位由百分比转换为像素。

（10）"将表格宽度转换为百分比"按钮 :将表格宽度的单位由像素转换为百分比。

2. 单元格与行或列的属性

行、列与单元格的"属性"面板都是一样的,唯一不同的是左下角的名称,如图 4-4 和图 4-5 所示。

图 4-4　单元格的"属性"面板

单元格"属性"面板中各项的含义如下。

（1）"合并所选单元格,使用跨度"按钮 :合并单元格（操作之前要先选择需要合并的单元格）。

图 4-5　行的"属性"面板

（2）"拆分单元格为行或列"按钮 ：将一个单元格拆分为多行或多列。

（3）水平：设置行或列中内容的水平对齐方式，包括"默认""左对齐""居中对齐""右对齐"4 个选项。一般标题行的所有单元格设置为居中对齐方式。

（4）垂直：设置行或列中内容的垂直对齐方式，包括"默认""顶端""居中""底部"和"基线"5 个选项。一般常用"居中"对齐方式。

（5）宽、高：设置单元格的高度和宽度，单位为像素或百分比。

（6）不换行：设置单元格文本是否换行，如果选中"不换行"选项，当输入的数据超出单元格宽度时，会自动增加单元格的宽度来容纳数据。

（7）标题：设置是否将行或列的每一个单元格的格式设置为表格标题单元格的格式。

4.2.3　选择表格元素

一般是先选择表格元素，然后才能对其进行操作。一次可以选择整个表格、多行或多列，也可以选择一个或多个单元格。

1. 选择整个表格

（1）将光标置于表格内，在菜单栏中选择"修改"→"表格"→"选择表格"命令，或右击快捷菜单，选择"表格"→"选择表格"命令。

（2）将光标移到预选择的表格内，单击文档窗口左下角"标签栏"中相应的<table>标签，如图 4-6 所示。

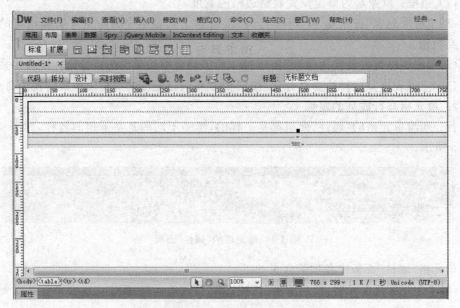

图 4-6　单击<table>标签选择整个表格

2．选择表格的行或列

（1）按住鼠标左键从左至右或从上至下拖动,将选择相应的行或列。

（2）将光标置于欲选择的行中,单击文档窗口左下角"文档标签栏"中的＜tr＞标签选择行。

有时需选择不相邻的多行或多列,可通过下面的方法来实现。

① 按住 Ctrl 键,依次单击要选择的行或列。

② 按住 Ctrl 键,在已选择的连续行或列中依次单击要去除的行或列。

3．选择单元格

（1）将光标置于单元格内,然后按住 Ctrl 键,单击单元格可以将其选择。

（2）将光标置于单元格内,然后单击文档窗口左下角"文档标签栏"中的＜td＞标签将其选择。

选择相邻单元格的方法如下。

① 在起始单元格中按住鼠标左键并拖动到最后的单元格。

② 将光标置于起始单元格内,然后按住 Shift 键不放,同时单击最后的单元格。

选择不相邻单元格的方法如下。

① 按住 Ctrl 键,依次单击要选择的单元格。

② 按住 Ctrl 键,在已选择的连续单元格中依次单击要去除的单元格。

4.2.4　输入表格内容

创建并设置好表格以后,就可以向其中添加各种元素了,如文本、图像等。

1．输入文本

在表格中添加文本就如同在文档中操作一样,除了直接输入文本外,也可以从其他文档中复制文本,然后将其直接粘贴到表格内,这也是在文档中添加文本的一种简便而快速的方法。随着文本的增多,表格也会自动扩展。

2．插入图像

在表格中插入图像的方法有以下几种。

（1）将插入点置于单元格中,单击"插入"面板→"常用"→"图像"按钮。

（2）将插入点置于单元格中,在菜单栏中选择"插入"→"图像"命令。

（3）从资源管理器、站点资源管理器或桌面上直接将图像文件拖动至需要插入图像的单元格内。

在单元格中插入图像时,如果单元格的尺寸小于所插入图像的尺寸,则插入图像后,单元格的尺寸会随着图像尺寸自动增高或增宽。

4.2.5　合并单元格

合并单元格是指将多个单元格合并为一个单元格。合并单元格首先选择要合并的单元格,然后采取以下几种方法中的一种进行操作。

（1）在菜单栏中选择"修改"→"表格"→"合并单元格"命令。

（2）右击，在弹出的快捷菜单中选择"表格"→"合并单元格"命令。

（3）单击"属性"面板左下角的"合并所选单元格，使用跨度"按钮。

合并单元格前后的效果对比如图 4-7 所示。

图 4-7　合并单元格前后对比

4.2.6　拆分单元格

拆分单元格是针对单个单元格而言的，可看成合并单元格操作的逆操作。首先需要将光标定位在要拆分的单元格中，然后采取以下几种方法中的任意一种进行操作。

（1）在菜单栏中选择"修改"→"表格"→"拆分单元格"命令，打开"拆分单元格"对话框，如图 4-8 所示。

（2）右击，在弹出的快捷菜单中选择"表格"→"拆分单元格"命令。

图 4-8　"拆分单元格"对话框

（3）单击"属性"面板左下角的"拆分单元格为行或列"按钮，拆分单元格前后的效果对比如图 4-9 所示。

图 4-9　拆分单元格前后对比

4.2.7　嵌套表格

在单元格中再插入表格，这叫作嵌套表格。操作步骤如下。

（1）将光标定位在需要插入表格的单元格中。

（2）在菜单栏中选择"插入"→"表格"命令，或单击"插入"面板→"常用"→"表格"按钮，在"表格"对话框中设置相应参数后，单击"确定"按钮即可插入，如图 4-10 所示。

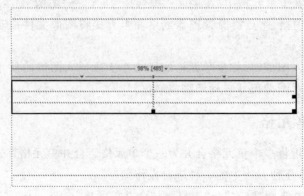

图 4-10　嵌套表格

4.2.8　使用扩展表格模式

直接使用表格进行网页布局,各个布局表格的嵌套关系不直观。此时可以使用"扩展"布局模式。

单击"插入"面板→"布局"→"扩展"按钮,可转换到"扩展表格模式",这样就可以清楚地看出布局结构,也可以进行布局操作,如图 4-11 所示。在扩展模式下,只进行页面布局,不要在单元格中添加内容。

图 4-11　扩展表格模式

4.3　项目:制作花卉网——使用表格规划布局网页

4.3.1　项目描述

本项目围绕"花卉网"案例,介绍网页布局中常用的工具之一——表格。通过本项目的学习,使读者掌握网页布局的基本知识和方法,并能使用表格规划布局网页。

4.3.2　项目分析

通过与客户面对面的交流,了解客户的需求、行业背景等信息,最终与客户协商确定此网站的定位、风格、栏目及其他功能模块。希望通过制作此网页,使本章所讲知识能够得到更好地运用。

4.3.3 项目实施

以制作花卉网(效果图如图 4-12 所示)为例,来更好地学习、掌握使用表格规划布局网页。

图 4-12 "花卉网"效果图

制作步骤如下。

(1)在本地磁盘新建文件夹 huahui,并将制作网页所需的 images 素材文件夹复制到 huahui 根目录下。

(2)启动 Dreamweaver CS6,新建站点"花卉",然后新建网页文档,并重命名为 index. html,此时的"文件"面板如图 4-13 所示。

(3)打开文档 index. html,单击"插入"面板→"常用"类别中的"表格"按钮,打开"表格"对话框,如图 4-14 所示。

(4)按照图 4-14 所示参数进行设置,单击"确定"按钮,

图 4-13 新建站点

插入表格,称该表格为表格 1。在选中表格的状态下,在"属性"面板上设置"对齐"为"居中对齐"。

(5) 设置表格属性。将光标分别置于表格 1 的第 1 个和第 3 个单元格中,在"属性"面板上设置单元格宽度为 150 像素,如图 4-15 所示。

图 4-14　插入表格

图 4-15　设置单元格属性

(6) 将光标置于表格 1 尾部,打开"表格"对话框,在表格 1 下方插入一个 1 行 1 列,宽度为 980 像素,其他各项均为 0 的表格,称该表格为表格 2。在选中表格的状态下,在"属性"面板上设置"对齐"为"居中对齐"。

(7) 将光标置于表格 2 的单元格内,在"属性"面板上设置单元格高度为 150 像素,插完表格 2 并设置完属性后的效果图如图 4-16 所示。

图 4-16　插入表格 2 并设置属性

(8) 将光标置于表格 2 尾部,打开"表格"对话框,在表格 2 下方插入一个 1 行 10 列,宽度为 980 像素,其他各项均为 0 的表格,称该表格为表格 3。在选中表格的状态下,在"属性"面板上设置"对齐"为"居中对齐"。

(9) 将光标置于表格 3 尾部,打开"表格"对话框,在表格 3 下方插入一个 1 行 1 列,宽度为 980 像素,其他各项均为 0 的表格,称该表格为表格 4。选中表格的状态下,在"属性"面板上设置"对齐"为"居中对齐"。

(10) 主体内容布局。将光标置于表格 4 尾部,打开"表格"对话框,在表格 4 下方插入一个 1 行 2 列,宽度为 980 像素,其他各项均为 0 的表格,称该表格为表格 5。选中表格的状态下,在"属性"面板上设置"对齐"为"居中对齐"。

(11) 将光标置于表格 5 的第 1 个单元格内,在"属性"面板上设置单元格宽度为 300 像素。

(12) 将光标置于表格 5 的第 1 个单元格内,打开"表格"对话框,在表格 5 第 1 个单元格内插入一个 15 行 1 列,"980 像素",其他各项均为 0 的表格,称该表格为表格 6。将光标置于表格 6 尾部,在"属性"面板上设置"垂直对齐"为"顶端"。

(13) 将光标置于表格 5 的第 2 个单元格内,打开"表格"对话框,在表格 5 第 2 个单元格内插入一个 3 行 1 列,"980 像素",其他各项均为 0 的表格,称该表格为表格 7。将光标置于表格 7 尾部,在"属性"面板上设置"水平对齐"为"右对齐","垂直对齐"为"顶端"。

(14) 将光标置于表格 7 的第 1 个单元格内,打开"表格"对话框,在表格 7 第 1 个单元格内插入一个 4 行 1 列,"980 像素",其他各项均为 0 的表格,称该表格为表格 8。将光标置于表格 8 尾部,在"属性"面板上设置"水平对齐"为"右对齐"。

(15) 将光标置于表格 7 的第 2 个单元格内,打开"表格"对话框,在表格 7 第 2 个单元格内插入一个 3 行 4 列,"980 像素",其他各项均为 0 的表格,称该表格为表格 9。将光标置于表格 9 尾部,在"属性"面板上设置"水平对齐"为"右对齐"。

(16) 将表格 9 的第 1 行所有单元格合并为 1 个单元格。

(17) 将光标置于表格 7 的第 3 个单元格内,打开"表格"对话框,在表格 7 第 3 个单元格内插入一个 4 行 1 列,"980 像素",其他各项均为 0 的表格,称该表格为表格 10。将光标置于表格 10 尾部,在"属性"面板上设置"水平对齐"为"右对齐"。主体内容布局完成,效果图如图 4-17 所示。

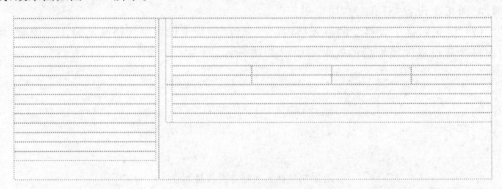

图 4-17　主体内容布局效果图

(18) 版权信息布局。将光标置于表格 5 尾部,打开"表格"对话框,在表格 5 下方插入一个 3 行 1 列,"980 像素",其他各项均为 0 的表格,称该表格为表格 11。选中表格的状态下,在"属性"面板上设置"对齐"为"居中对齐",效果如图 4-18 所示。

图 4-18　版权信息布局效果图

最后的网页布局效果如图 4-19 所示。

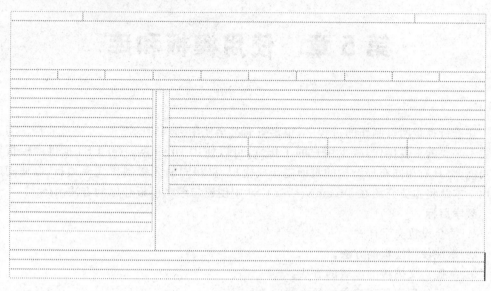

图 4-19　网站首页的布局效果图

完成布局后再向各个表格中添加网页元素,最后的网页效果可参见图 4-12 所示。实际制作网页时,应避免用一个大表格布局整个网页。

4.3.4　项目总结

本项目以制作花卉网为例,详细讲解了制作过程。希望通过本项目的学习,读者能够更好地掌握使用表格布局网页的方法及表格的属性设置。

习　题　4

一、填空题

1. 在表格中横向为_____,纵向为_____,其交叉部分是_____。

2. 表格的宽度有两个单位选项,分别是_____和_____。

二、选择题

1. 表格属性中,设置(　　)表示单元格内容与单元格边框之间的距离。

　　A. 间距　　　　　　　　B. 边距　　　　　　　　C. 填充　　　　　　　　D. 距离

2. 在 Dreamweaver CS6 中,表格标记的基本结构是(　　)。

　　A. <tr></tr>　　　　　　　　　　　　B.
</br>

　　C. <table></table>　　　　　　　　　D.

三、简答题

1. 以图的形式说明什么是表格、单元格、单元格内部边距、单元格边距、表格边框。

2. 表格属性有哪些?

第 5 章　使用模板和库

在进行批量网页制作的过程中,很多页面都会使用到相同的图片、文字或布局。为了避免不必要的重复操作,减少用户的工作量,可以使用 Dreamweaver CS6 提供的模板和库功能,将具有相同布局结构的页面制作成模板,将相同的元素制作为库项目,以便随时调用。本章将主要介绍在 Dreamweaver CS6 中创建与编辑模板和库的方法。

教学目标

1. 学会设置文字样式。
2. 掌握使用模板的方法。
3. 掌握定义模板的区域的方法。
4. 掌握使用模板创建文档的方法。
5. 掌握创建和编辑库项目的方法。

5.1　使 用 模 板

在 Dreamweaver CS6 中有多种创建模板的方法,可以创建空白模板,也可以创建基于现存文档的模板,除此之外,还可以将现有的 HTML 文档另存为模板,然后根据需要加以修改。

5.1.1　创建模板

模板也是一个 HTML 文档,只不过在 HTML 文档中增加了模板标记。在 Dreamweaver CS6 中,模板的扩展名为.dwt,并存放在本地站点的 Templates 文件夹中。模板文件夹只有在创建模板时才会由系统自动生成。

1. 从空模板中创建模板

使用 Dreamweaver CS6 的"新建"功能可以直接创建模板,在菜单栏中选择"文件"→"新建"命令,将打开"新建文档"对话框,如图 5-1 所示。在该对话框左侧,选择"空模板"选项卡,并在"模板类型"列表中选择需要的模板。

2. 从现有文档中创建模板

(1)打开要作为模板使用的文档,在菜单栏中选择"文件"→"另存为模板"命令,如图 5-2 所示。打开"另存模板"对话框。

(2)在"另存模板"对话框的"站点"下拉列表中选择站点"精品课程",在"另存为"文本框中输入模板名称 mb,如图 5-3 所示。单击"保存"按钮,即可将当前页面保存为用于创建其他页面的模板。

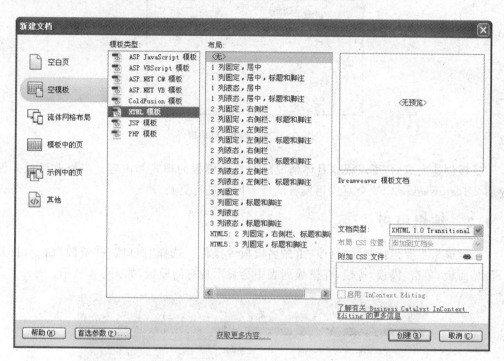

图 5-1 "新建文档"对话框

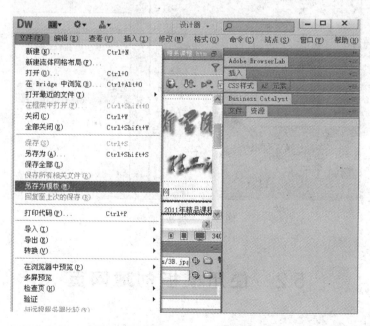

图 5-2 "文件"→"另存为模板"命令

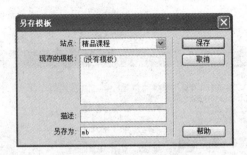

图 5-3 "另存模板"对话框

模板创建完成后,可以根据具体情况随时修改模板的样式和内容。当修改模板并保存后,Dreamweaver CS6 会对应用模板的所有网页进行更新。

5.1.2 编辑模板

编辑模板主要包括删除、修改、重命名模板等操作。选择"窗口"→"资源"命令,打开"资源"面板,单击"模板"按钮,在模板列表中会显示现有的模板,如图 5-4 所示。

图 5-4 "模板"面板

5.2 使用模板创建网页

使用模板创建网页的过程大致可分为 3 个阶段,即前期准备阶段、创建基于模板的文档阶段和创建可编辑区域阶段。

5.2.1 前期准备阶段

(1) 在创建模板之前,应在本地磁盘创建文件夹(在此是 E:\jpkc),如图 2-8 所示,将网站所用的图片等素材存放在 images、doc、video 等文件夹中,将网页文件存放在前面的文件夹(jpkc)中,包括准备用来做模板的网页。

(2) 在 Dreamweaver CS6 中创建新站点,将文件夹(jpkc)设置为站点根文件夹。

(3) 打开站点中的 HTML 文档。

5.2.2 创建基于模板的文档

要创建基于模板的新文档,选择“文件”→“新建”命令,打开“新建文档”对话框,单击“模板中的页”选项,打开该选项对话框,如图 5-5 所示。在“站点”列表框中选择模板所在的站点,在“站点‘精品课程’的模板”列表框中选择所需创建文档的模板,单击“创建”按钮,即可在文档窗口中打开一个基于模板的新页面,在该页面中可以创建新的文档,如图 5-6 所示。

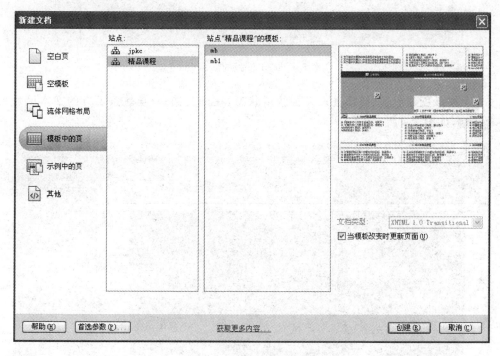

图 5-5 “新建文档”对话框

5.2.3 创建可编辑区域

模板定义了文档的布局结构和大致框架,模板中创建的元素在基于模板的页面中通常是锁定区域,或称为非编辑区域。要编辑模板,必须在模板中定义可编辑区域,在使用模板创建文档时只能够改变可编辑区域中的内容,而锁定区域在文档编辑过程中始终保持不变。

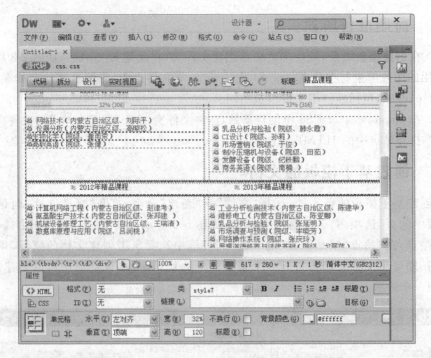

图 5-6　基于模板的新页面

（1）模板创建成功后，即进入模板编辑状态，在该文档中，导航条下方的文本区域所在单元格，如图 5-7 所示。

图 5-7　选择单元格区域

（2）在菜单栏中选择"插入"→"模板对象"→"可编辑区域"命令，打开"新建可编辑区域"对话框，如图 5-8 所示。

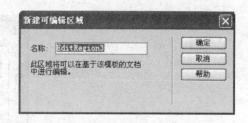

图 5-8　"新建可编辑区域"对话框

（3）对话框的"名称"编辑框中默认可编辑区域名称为 EditRegion3，单击"确定"按钮，就在模板中新创建一个可编辑区域，如图 5-9 所示。

图 5-9　创建的可编辑区域

（4）按 Ctrl＋S 组合键保存文档，之后关闭。

5.3　修改模板与更新页面

模板创建完成后，可以根据具体情况随时修改模板的样式和内容。当修改模板并保存后，Dreamweaver CS6 会对应用模板的所有网页进行更新。

5.3.1　更新基于模板的文档

当改变文档模板时，系统会提示是否更新基于该模板的文档，可以执行以下操作之一来更新站点。

（1）在文档编辑窗口中，选择"修改"→"模板"→"更新页面"命令，弹出如图 5-10 所示对话框。

（2）在"资源"面板中，单击左侧列表中的"模板"按钮，右侧将显示站点中的"模板"列表；在模板上右击，在弹出的快捷菜单中选择"更新站点"，如图 5-11 所示。

图 5-10 "更新页面"对话框   图 5-11 "资源"面板

5.3.2 在现有文档上应用模板

在 Dreamweaver CS6 中,可以在现有文档上应用已创建好的模板。要在现有文档上应用模板,首先在文档窗口中打开需要应用模板的文档,然后打开"资源"面板,在模板列表中选中需要应用的模板,单击面板下方的"应用"按钮,此时会出现以下两种情况。

(1) 如果现有文档是从某个模板中派生出来的,则 Dreamweaver CS6 会对两个模板的可编辑区域进行比较,然后在应用新模板之后,将原先文档中的内容放入匹配的可编辑区域中。

(2) 如果现有文档是一个尚未应用过模板的文档,将没有可编辑区域同模板进行比较,于是会出现不匹配情况,此时将打开"不一致的区域名称"对话框。这时可以选择删除或保留不匹配的内容,决定是否将文档应用于新模板。可以选择未解析的内容,然后在"将内容移到新区域"下拉列表框中选择要应用到的区域内容。

5.3.3 从模板中分离文档

从模板中分离文档是指将当前文档从模板中分离,即切断与模板的链接关系,分离后文档依然存在,只是原来不可编辑的区域变得可以编辑,这给修改网页带来很大方便。用模板设计网页时,模板有很多锁定区域(即不可编辑区域)。为了能够修改基于模板的页面中的锁定区域和可编辑区域内容,必须将页面从模板中分离出来。当页面被分离后,它将成为一个普通的文档,不再具有可编辑区域或锁定区域,也不再与任何模板相关联。因此,当文档模板被更新时,文档页面也不会随着被更新。

5.4　创 建 表 单

表单在网页中是给访问者提供填写信息的区域,从而可以收集客户端信息,使网页更加具有交互的功能。一般将表单设置在一个 HTML 文档中,访问者填写相关信息后提交表单,表单内容会自动从客户端的浏览器传送到服务器上,经过服务器上的 ASP 或 CGI 等程序处理后,再将访问者所需的信息传送到客户端的浏览器上。使用 Dreamweaver CS6 可以创建带有文本域、密码域、单选按钮、复选框、弹出菜单、可单击按钮以及其他表单对象的表单。

5.4.1　表单的概念

表单是由窗体和控件组成的,一个表单一般包含用户填写信息的输入框和提交按钮等,这些输入框和按钮叫作控件。

表单用<form></form>标记来创建,在<form></form>标记之间的部分都属于表单的内容。<form>标记具有 action、method 和 target 属性。

5.4.2　插入表单

在 Dreamweaver CS6 中,表单输入类型称为表单对象。可以在网页中插入表单并创建各种表单对象。

在网页文档中插入表单的方法如下。

(1) 选择“插入”→“表单”命令,或单击“插入”工具栏中的“表单”选项卡,打开“表单”插入栏,如图 5-12 所示。单击“表单”按钮,在文档中插入一个表单,如图 5-13 所示。

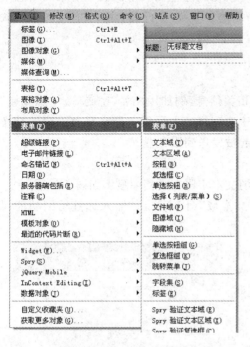

图 5-12　插入“表单”命令

图 5-13　插入的表单

93

(2) 单击红色虚线框,选中"表单",在"属性"面板中设置表单属性,如图 5-14 所示。

图 5-14　设置表单属性

下面是表单"属性"面板中各设置项的意义。

(1) 表单 ID:设置表单名称,可用于处理程序的调用。

(2) 动作:指定处理表单的程序。

(3) 目标:与超链接的目标一样。

(4) 方法:表单的发送方式有 POST 和 GET 两种,POST 用于发送长字符的表单内容,因此在发送时比 GET 安全,但是用 POST 方法发送的信息是未经加密的;GET 用于发送段字符的表单内容,若发送的数据量太大,数据将被截断,从而导致意外的或失败的处理结果。

(5) 编码类型:指定对提交给服务器进行处理的数据使用的编码类型,有 application/x-www-form-urlencoded 和 multipart/form-data 两种,默认 application/x-www-form-urlencoded 与 POST 方法一起使用。

5.5　表 单 对 象

表单是表单对象的载体,网页在提交数据时就是通过检测表单内表单对象的信息来完成的。本节重点讲述在文档中使用"表单域"创建文本域、多行文本域、文件上传和隐藏域的方法。

5.5.1　文本域、文本区域

文本域是一个重要的表单对象,可以输入相关信息,例如用户名、密码等。"隐藏域"在浏览器中是不被显示出来的文本域,主要用于实现浏览器同服务器在后台隐藏地交换信息。在提交表单时,该域中存储的信息将一起被发送到服务器。

1. 文本字段

文本字段是表单中常见的元素之一,常见的文本字段在文档中显示如图 5-15 所示。

(1) 在菜单栏中选择"插入"→"表单"→"文本域"命令,弹出"输入标签辅助功能属性"对话框,如图 5-16 所示。

(2) 单击"确定"按钮,在文档中插入文本字段。在文本字段中可以输入任何类型的字母或数字文本。选中插入的文本域,其"属性"面板如图 5-17 所示。

单行文本区域各设置项的意义如下。

图 5-15　文本字段

94

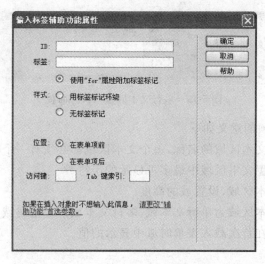

图 5-16 "输入标签辅助功能属性"对话框

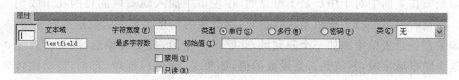

图 5-17 单行文本区域的"属性"面板

① 文本域：设置文本字段的名称，该名称在网页中是唯一的。

② 字符宽度：设置文本字段中允许输入的字符数，同时规定了文本字段的宽度。

③ 最多字符数：设置单行文本字段中能输入的最多字符数。

④ 类型：显示当前文本字段的类型，也可通过单选项转换 3 种不同的文本域。

⑤ 初始值：文本字段中默认显示的内容。

2. 文本区域

文本区域常用于输入较长内容的信息，常见的文本区域如图 5-18 所示。

图 5-18 文本区域

在表单中插入文本区域的方法如下。

（1）在菜单栏中选择"插入"→"表单"→"文本区域"命令，弹出"输入标签辅助功能属性"对话框，与插入文本字段弹出对话框相同。

（2）单击"确定"按钮，插入文本区域，选中插入的文本区域，其"属性"面板如图 5-19 所示。

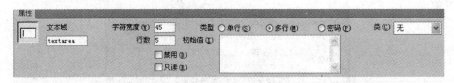

图 5-19　多行文本区域"属性"面板

文本区域各设置项的意义如下。

① 文本域：设置文本区域的名称，每个文本区域都必须有一个唯一的名称。

② 字符宽度：设置文本区域中最多可显示的字符数。

③ 行数：对于文本区域，设置域的高度。

④ 类型：设置文本区域为单行文本域、多行文本域还是密码域。

⑤ 初始值：指定在首次载入表单时域中显示的值。

5.5.2　隐藏域

隐藏域在页面中对于用户是不可见的，在表单中插入隐藏域的目的在于收集或发送信息。浏览者单击"发送"按钮发送表单时，隐藏域的信息也被一起发送到服务器。

如果在登录表单中添加一个隐藏域，并赋予一个值，提交表单后，网页会首先查找是否有这个隐藏域字段，其值是否是设置的值，如果是，则进行处理，否则，自动跳转到登录页面，要求用户重新登录。

如需插入隐藏域，可以在菜单栏中选择"插入"→"表单"→"隐藏域"命令，如图 5-20 所示。

图 5-20　隐藏域

选中隐藏域后，"属性"面板中将显示其属性，如图 5-21 所示。用户可根据需要设置隐藏域的属性。

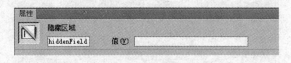

图 5-21　隐藏域"属性"面板

隐藏域"属性"面板中各设置项的作用介绍如下。

（1）隐藏区域：设置变量名称，各变量名称必须是唯一的。

（2）值：设置变量值。

5.5.3　复选框和单选按钮

复选框和单选按钮是预定义选择对象的表单对象。用户可以在一组复选框中选择多个选项；单选按钮也可以组成一个组使用，提供互相排斥的选项值，在单选按钮组内只能选择一个选项。

表单按钮、复选框和单选按钮的插入方法类似，可以参考以下步骤。

（1）在菜单栏中选择"插入"→"表单"→"单选按钮"或"插入"→"表单"→"复选框"命令，同样弹出"输入标签辅助功能属性"对话框，单击"确定"按钮即可插入。

（2）选中插入的表单对象，将显示其"属性"面板，如图 5-22 和图 5-23 所示。

图 5-22　单选按钮"属性"面板

图 5-23　复选框"属性"面板

单选按钮"属性"面板中各设置项的作用介绍如下。

（1）单选按钮：输入单选项名称，该名称在表单域中必须唯一。

（2）选定值：输入选中单选项时的取值，用于数据的提取。

（3）初始状态：设置加载到浏览器中首次载入表单时单选项的选中状态。

复选框"属性"面板中各设置项的作用介绍如下。

（1）复选框名称：输入复选框的名称。

（2）选定值：设置复选框选中时的取值，该值会被传送给服务器端应用程序，但不会在表单域中显示。

（3）初始状态：设置加载到浏览器中时，复选框是否处于选中状态，有"已勾选"和"未选中"两项。

5.5.4　列表/菜单

列表和菜单也是预定义选择对象的表单对象，使用它们可以在有限的空间内提供多个选项。列表也称为"滚动列表"，提供一个滚动条，允许访问者浏览多个选项，并进行多重选择。菜单也称为"下拉列表框"，仅显示一个选项，该项也是活动选项，访问者只能从菜单中选择一项。

在表单域中插入"列表/菜单"的具体方法如下。

（1）在菜单栏中选择"插入"→"表单"→"选择（列表/菜单）"命令，打开"输入标签辅助功能属性"对话框，单击"确定"按钮即可插入，如图 5-24 所示。

图 5-24　插入"列表/菜单"

（2）选择刚插入的"列表/菜单"，在"属性"面板上可设置其名称、类型、初始化时选定等属性，如图 5-25 所示。

图 5-25　列表/菜单"属性"面板

① 单击"列表值"按钮，打开"列表值"对话框，在"项目标签"列中输入要添加的菜单项，如"姓名"，如图 5-26 所示。

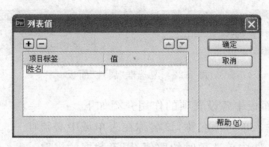

图 5-26　"列表值"对话框

② 单击 ✚ 按钮可添加菜单项，单击 ➖ 按钮可删除选中的菜单项，单击 🔼 🔽 按钮可调整菜单项排列顺序。

③ 设置完成后单击"确定"按钮，设置项将显示在"属性"面板中的"初始化时选定"编辑框中，如图 5-27 所示。

图 5-27　"列表"属性

5.5.5　表单按钮

表单按钮用于控制对表单的操作。当输入完表单数据后，可以单击表单按钮，提交服务器处理；如果对输入的数据不满意，需要重新设置时，可以单击表单按钮，重新输入；还可以通过表单按钮完成其他任务。在 Dreamweaver CS6 中，表单按钮可以分为三类：提交按钮、重置按钮和普通按钮。

（1）提交按钮：把表单中的所有内容发送到服务器端指定的应用程序。

（2）重置按钮：用户在填写表单过程中，若要重新填写，单击该按钮可使全部表单元素值还原为初始值。

（3）普通按钮：该按钮没有内在行为，但可以用 JavaScript 等脚本语言为其指定动作。

以"提交按钮"为例，介绍按钮的插入方法如下。

（1）在菜单栏中选择"插入"→"表单"→"按钮"命令，打开"输入标签辅助功能属性"对话框，单击"确定"按钮插入按钮。

（2）选中插入的按钮，"属性"面板中将显示"按钮"属性，如图 5-28 所示。

图 5-28　按钮"属性"面板

按钮"属性"面板中各设置项的作用介绍如下。

（1）按钮名称：设置按钮的名称。"提交"和"重置"是两个保留名称，"提交"将表单数据提交给处理应用程序或脚本；"重置"将所有表单域重置为原始值。

（2）值：输入按钮上显示的文本。

5.6　创建、管理和编辑库项目

库是一种特殊的 Dreamweaver CS6 文件，它包含可以放置到页面中的一组单个资源或资源副本。库中的这些资源称为库项目，它与模板本质区别在于：模板本质是一个独立的页面文件，它可以控制大的设计区域以及重复使用完整的布局，而库项目则只是页面中的某一段 html 代码。每当编辑某个库项目时，可以自动更新所有使用该项目的页面，使用库比模板有更大的灵活性。

库用来存放文档中的页面元素，如图像、文本、Flash 动画等。这些页面元素通常被广泛使用于整个站点，并且能被重复使用或经常更新，因此它们被称为库项目。

Dreamweaver CS6 将库项目存储在每个站点的本地根文件夹下的 Library 文件夹中。使用库项目时，页面中的库是该项目的链接而不是项目本身。即 Dreamweaver CS6 在文档中插入的是该项目的 html 源代码副本，并添加一个包含对原始外部项目引用的 html 注释，库项目的自动更新就是通过这个外部引用来实现的。

5.6.1　创建库项目

在 Dreamweaver CS6 文档中，可以将任何元素创建为库项目，这些元素包括文本、图像、表格、表单、插件、ActiveX 控件以及 Java 程序等。库项目文件的扩展名为 .lib，所有的库项目都被保存在一个文件中，且库文件的默认设置文件夹为"站点文件夹\Library"。

1. 新建库文件

创建库项目通常有两种方法，一种是使用"资源"面板，另一种是使用"新建文档"对话框。

（1）通过"资源"面板创建库项目。

选择"窗口"→"资源"命令，打开"资源"面板，如图 5-29 所示。单击"库"按钮切换至"库"分类，单击"资源"面板右下角的"新建" ✚ 按钮，新建一个库项目，然后在列表框中输入库项目的名称，并按 Enter 键确认，如图 5-30 所示。

图 5-29 "资源"面板

图 5-30 新建库文件

（2）通过对话框创建库项目。

选择"文件"→"新建"命令，打开"新建文档"对话框，然后选择"空白页"→"库项目"选项，如图 5-31 所示。

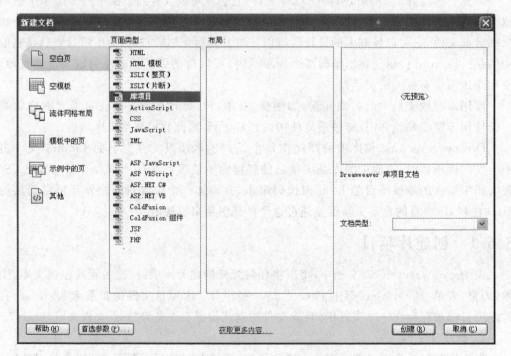
图 5-31 "新建文档"对话框

100

2. 从已有的网页创建库项目

库项目固然可以新建，但也可以将现有网页中的网页元素保存为库项目。方法如下。

（1）在文档中选择要保存为库项目的对象，如图 5-32 所示，选择"修改"→"库"→"增加对象到库"命令，该对象即被添加到库项目列表中，库项目名为系统默认的名称，输入新的库项目名称即可，如图 5-33 所示。

图 5-32　选择库项目对象

（2）如果希望库项目成为网页的一部分，可以在"属性"面板中单击"从源文件中分离"按钮。分离后，库项目与网页再没有联系，如图 5-34 所示。

图 5-33　创建好的库项目

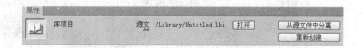

图 5-34　"库项目"属性面板

5.6.2　应用库项目

库项目的应用方法非常简单，只需从"资源"面板的库窗格中将其拖入文档的适当位置即可。此外，也可在定位插入点后，选中库中的项目并单击"资源"面板底部的"插入"按钮，将库项目插入文档中，如图 5-35 所示。

5.6.3　编辑库项目

要编辑库项目，可在"资源"面板中双击库项目，Dreamweaver CS6 会在文档编辑窗口中打开该库项目，如图 5-36 所示。

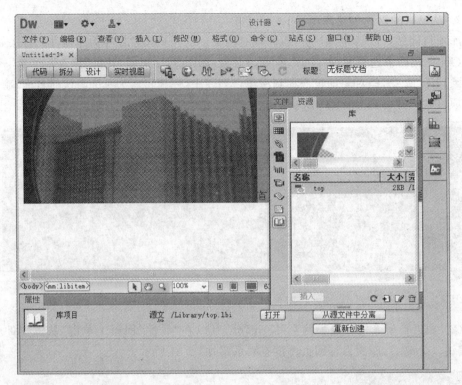

图 5-35　应用库项目

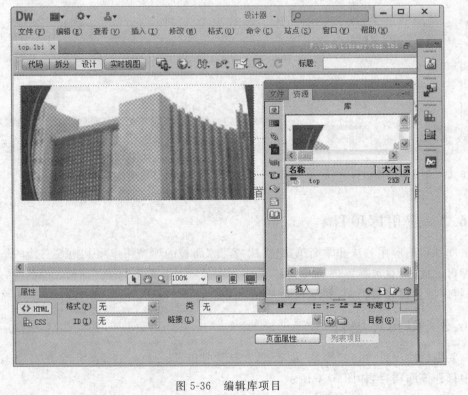

图 5-36　编辑库项目

5.7　项目：某高校精品课程网站——模板和库的应用

5.7.1　项目描述

　　在第 2 章中,学习了如何创建网站,了解了网站中设计的规划、布局和内容的添加,并掌握了一般的操作方法。一般对站点的制作周期都有特定要求,正常情况下,开发周期在 15 个工作日左右,如何在短期内完成要求,设计并实现网站的需求,是需要考虑的重点问题,在这个过程中,还应使站点形成统一的风格,让网站的专业性更强。

　　本项目以某高校精品课程网站为例,学习使用 Dreamweaver CS6 快捷制作网站并充实网站功能。主要介绍如何利用模板和库元素快速、简单地建立网站站点,并设计一个简易的留言页面,通过用户的反馈信息逐步完善站点。

5.7.2　项目分析

　　通过调研,了解详细的网站制作要求,针对该高校的精品课程及相关资料做好网站策划方案,对网站的风格、栏目、功能模块进行设计,在此,仍沿用第 2 章的设计结果,本项目主要利用模板和库进行进一步完善。

5.7.3　项目实施

1. 设计页面模板

1) 前期准备

　　(1) 利用 Photoshop 等软件制作网页图片,打开本地磁盘的文件夹(在此是 E:\精品课程\jpkc),将设计好的网页图片存放在 E:\精品课程\jpkc\images 文件夹中。

　　(2) 启动 Dreamweaver CS6,打开站点"精品课程",将 jpkc 文件夹设置为站点根文件夹。

　　(3) 打开站点中已制作好的 HTML 文档 zhuye. html,下面将使用它创建模板,如图 5-37 所示。

2) 基于现有文档创建模板

　　打开文档(在此为 zhuye. html),在菜单栏中选择"文件"→"另存为模板"命令,弹出"另存模板"对话框。前面已经创建好该文档的模板,如图 5-3 所示。

3) 创建可编辑区域

　　(1) 模板创建成功后,即可进入模板编辑状态,在该文档中,选择导航栏下方文本区域所在单元格,如图 5-7 所示。

　　(2) 在菜单栏中选择"插入"→"模板对象"→"可编辑区域"菜单命令,打开"新建可编辑区域"对话框,如图 5-38 所示。

　　(3) 在对话框的"名称"编辑框中输入可编辑区域名称 content,单击"确定"按钮,就在模板中创建一个可编辑区域,如图 5-39 所示。

图 5-37 作为模板的页面

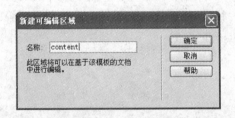

图 5-38 "新建可编辑区域"对话框

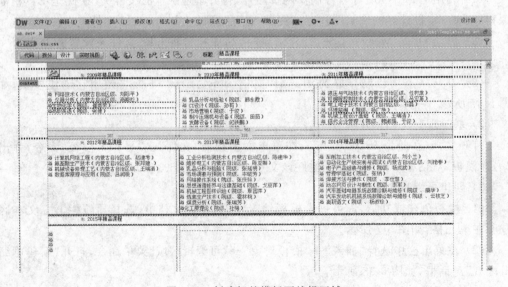

图 5-39 创建好的模板可编辑区域

（4）按 Ctrl＋S 组合键保存文档，关闭文档。

4）基于模板创建新页面

通过前面的操作，已经创建了一个完整的页面模板，接下来使用该模板快速创建其他页面。

（1）在菜单栏中选择"文件"→"新建"命令。打开"新建文档"对话框，在左侧列表中选择"模板中的页"，在"站点"列表中选择当前站点，在"站点'精品课程'的模块"列表中选择模板文件 mb，如图 5-40 所示。

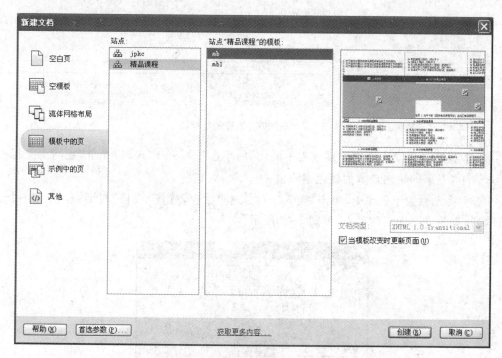

图 5-40　"新建文档"对话框

（2）单击"创建"按钮，即可基于模板创建一个新页面，可以看到，在新建的页面右上角显示"模板：mb"文字标签，表示当前文档是基于模板 mb.dwt 而创建的。

（3）将光标移至页面其他区域，光标将变成禁止符号，表示该区域不可编辑，将光标移至之前定义的可编辑区域，则可以修改其中的内容。

（4）保存文档后，在标有 content 名称的区域内快速修改内容，即可完成另一个页面的制作，如图 5-41 所示。

2. 制作某高校精品课程网站的"访客留言"页面

表单在网上随处可见，常用于在登录页面中输入用户名和密码，对博客进行评论，在社交网站填写个人信息或在购物网站指定记账信息等。

本项目中要在前面模板的基础上利用表单制作某高校精品课程网站的"访客留言"页面。

（1）复制已有文档 zhuye1 到站点"精品课程"中，然后在 Dreamweaver CS6 中打开。

105

图 5-41　基于模板创建的文档页面

　　(2) 将光标置于文档中要插入表单的位置，单击"插入"→"表单"命令，在网页文档中插入表单，表单的轮廓显示为红色虚线框。

　　(3) 将光标置于表单中，单击"插入"→"表格"命令，打开"表格"对话框，插入一个 5 行 2 列，宽为 600 像素的表格，如图 5-42 所示。

图 5-42　插入表格

　　(4) 设置表格第 1 列宽度为 70 像素，在表格第 1 行第 1 列单元格中输入"留言题目："，在第 1 行第 2 列单元格中插入一个文本域；在"属性"面板中设置文本字段名称为 lybt。类型为"单行"，如图 5-43 所示。

　　(5) 在表格第 1 列的第 2、3 行中分别输入文本"姓名""联系电话"，然后参照步骤(4)的操作分别插入 2 个文本域，如图 5-44 所示。

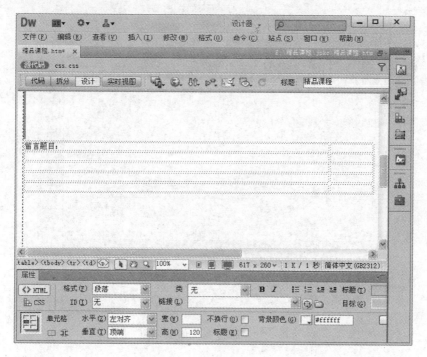

图 5-43　插入文本字段

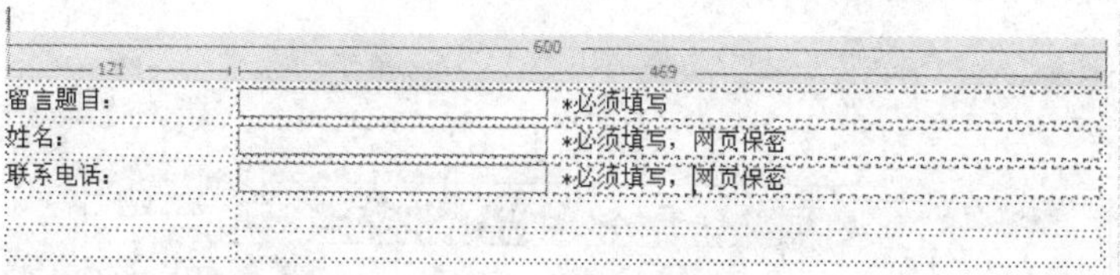

图 5-44　插入多个文本域

（6）在表格第 1 列第 4 行输入文本"留言内容："，并在第 2 列第 4 行中插入文本区域，然后在"属性"面板中设置"字符宽度"为 45，"类型"为"多行"，"行数"为 15，"换行"为"默认"，如图 5-45 所示。

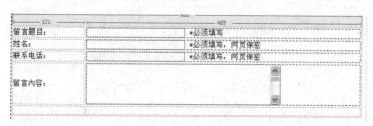

图 5-45　插入文本区域

（7）在表格最后一行第 2 列中插入按钮，选中该按钮，在"属性"面板中设置，在"动作"选项区选中"提交表单"，在"值"文本框中输入"提交信息"，如图 5-46 所示。

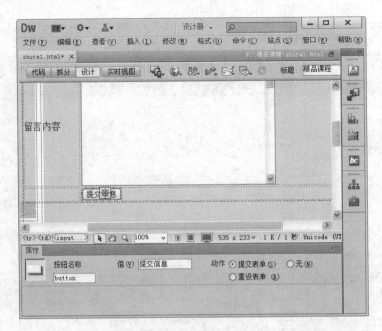

图 5-46　插入"提交信息"按钮

　　(8) 参照步骤(6)的方法,在"提交"按钮右侧插入另一个按钮,在"属性"面板上的"值"文本框中输入"全部重写",在"动作"选择区选中"重设表单",如图 5-47 所示。

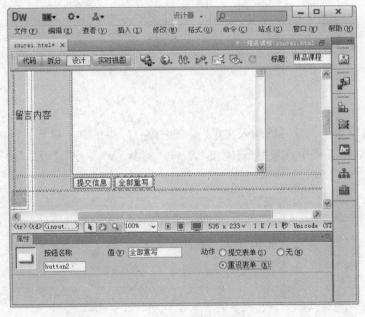

图 5-47　插入"全部重写"按钮

　　(9) 保存文档,最终效果如图 5-48 所示。

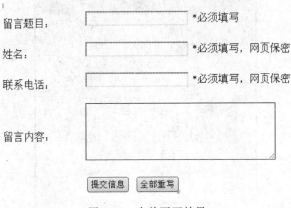

留言题目：		*必须填写
姓名：		*必须填写，网页保密
联系电话：		*必须填写，网页保密
留言内容：		

[提交信息] [全部重写]

图 5-48 表单页面效果

3. 库项目的应用

新建页面 myindex.html，使用库项目文件 top.lbi 和 foot.lbi 充实首页面 myindex.html。单击"资源"面板右下角的按钮，新建一个库项目文件名称为 foot.lbi。从已有的网页创建库文件名称为 top.lbi。创建方法见本章 5.6.1 小节。

(1) 在"资源"面板中双击打开，找到并打开库文件 top.lbi，如图 5-49 所示。

(2) 单击"插入"按钮，原有文档的图标应用到 myindex.html 页面中，如图 5-50 所示。

(3) 在"资源"面板中打开库文件 foot.lbi，制作页脚，见图 5-30。

(4) 插入一个 3 行 1 列，宽为 760 像素的表格，如图 5-51 所示。

(5) 设置表格属性，参数如图 5-52 所示。

图 5-49 打开 top.lbi 文件

(6) 输入文本，并保存文件。效果如图 5-53 所示。

图 5-50 新建主页的 top 效果图

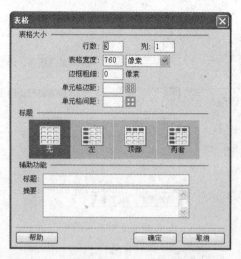

表格
表格大小
行数: 3
列: 1
表格宽度: 760
像素
边框粗细: 0
像素
单元格边距:
单元格间距:
标题
无
左
顶部
两者
辅助功能
标题:
摘要:
帮助
确定
取消

图 5-51 插入表格

属性
表格
行(R) 3
宽(W) 70
%
填充(P) 0
对齐(A) 居中对齐
类(C) 无
列(C) 1
间距(S) 0
边框(B) 0

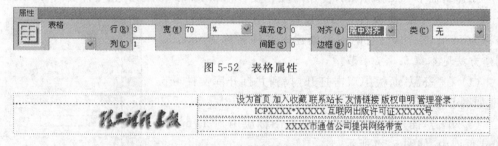

图 5-52 表格属性

设为首页 加入收藏 联系站长 友情链接 版权申明 管理登录
ICPXXXX*XXXXX 互联网出版许可证XXXXX号
XXXX市通信公司提供网络带宽

图 5-53 页脚效果图

(7) 打开"资源"面板,单击左下角的"插入"按钮,将库文件 foot. lbi 插入 myindex. html 页面对应位置,如图 5-54 所示。

文件(F) 编辑(E) 查看(V) 插入(I) 修改(M) 格式(O) 命令(C) 站点(S) 窗口(W) 帮助(H)
代码
拆分
设计
实时视图
标题: 无标题文档
首页 | 文件下载 |国家精品课程网站| 自治区精品课程网
设为首页 加入收藏 联系站长 友情链接 版权申明 管理登录
ICPXXXX*XXXXX 互联网出版许可证XXXXX号
XXXX市通信公司提供网络带宽

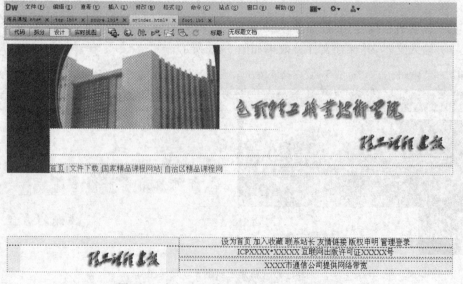

图 5-54 插入库文件 foot. lbi 和 top. lbi 效果

5.7.4 项目总结

本项目主要介绍了模板、库、表单的相关知识。希望通过本项目的学习,学生能够掌握模板和库的应用,以及各个表单元素和常见行为的应用。

习　题　5

一、填空题

1. 每个表单是由_____、_____和_____构成。

2. 行为是用来影响用户操作、改变当前页面效果和执行特定任务的一种方法,由_____、_____和_____构成。

3. _____是一种特殊类型的文档,用于设计"固定的"页面布局;用户可以基于模板创建文档,创建的文档会继承模板的页面布局。

二、选择题

1. 下列表单元素中,(　　)不属于文本域。

　　A. 多行　　　　　　　B. 密码　　　　　　　C. 按钮　　　　　　　D. 单行

2. 设计表单时,当需要一次选取多个选项时,应插入的表单元素为(　　)。

　　A. 复选框　　　　　　B. 文本域　　　　　　C. 文件域　　　　　　D. 列表/菜单

3. 国际域名的后缀是(　　)。

　　A. .com　　　　　　　B. .cn　　　　　　　　C. .net　　　　　　　D. .org

三、简答题

1. 表单有哪些作用?

2. 怎样应用模板?

3. 什么是模板? 使用模板有哪些好处?

4. 什么是库? 怎样创建库项目?

四、实践题

1. 创建模板和编辑模板。

2. 向页面中添加库项目。

第6章 上传、管理和维护站点

Dreamweaver CS6 包含大量管理站点的功能,还具有与远程服务器进行文件传输的功能。可以使用站点窗口组织本地站点和远程站点上的文件,将本地站点结构复制到远程站点上,也可以将远程站点结构复制到本地系统中。本章介绍网站的测试、调试和上传方法,如何利用站点地图、设计备注等工具管理站点,以及站点的维护方法和技巧。

教学目标

1. 测试和上传站点。
2. 管理站点。
3. 维护网站。

6.1 测 试 站 点

站点设计完成后,在上传到服务器之前,对其进行本地测试和调试是十分必要的,以保证页面的外观和效果,网页链接和页面下载时间与设计要求相吻合,同时也可以避免网站上传后出现这样或那样的错误,给网站的管理和维护带来不便。网站的测试主要包括以下内容。

(1) 在不同浏览器、不同分辨率、不同操作系统中预览页面,查看布局、颜色、字体大小有无混乱的现象。

(2) 检查站点是否有断开的链接,各个栏目与图片是否对应。

(3) 检测页面的文件大小以及下载这些页面占用的时间。

(4) 验证代码,一定要注意标签或语法错误。

(5) 测试是否按照客户要求进行功能实现,数据库是否连接正常,各个动态生成链接是否正确,传递参数、内容是否正确。

(6) 测试人员应不仅仅限于网站开发人员,应适度扩大测试范围,以得到客观、全面的评价。

(7) 网站发布到服务器之后还需进行测试,主要防止因环境导致的不同错误。

6.1.1 性能测试

1. 检查浏览器兼容性

随着时间的推移,IE、FireFox 和 Opera 等浏览器对 CSS 的支持性越来越高,但它们仍在符合标准的基础上存在差异,在这种情况下,网页设计制作人员只有不断地测试,不断地了解各个浏览器才能让页面正确的显示。

Dreamweaver CS6 提供的"浏览器兼容性检查"功能可以帮助设计者在浏览器中查找有问题的 HTML 和 CSS 部分,并提示设计者哪些标签属性在浏览器中可能出现问题,以便对文档进行修改。

默认情况下,"浏览器兼容性检查"功能可以对 Firefox 1.5、Internet Explorer 6.0 和 7.0、NetscapeNavigator 8.0、Opera 8.0 和 9.0 以及 Safari 2.0 浏览器进行兼容性检查,具体方法可参考以下操作步骤。

(1) 在 Dreamweaver CS6 中打开待检查的网页文档,然后在菜单中选择"窗口"→"结果"→"浏览器兼容性"命令,打开"结果"面板。

(2) 在"结果"面板中选择"浏览器兼容性"选项卡,然后单击左上角的绿色箭头,在弹出的二级菜单中选择"设置选项",弹出"目标浏览器"的对话框,如图 6-1 所示。

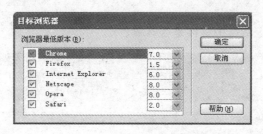

图 6-1　"目标浏览器"对话框

(3) 根据实际情况,选中目标浏览器对应的复选框,对应每个选定的浏览器。从相应下拉菜单选择要检查的最低版本,然后单击"确定"按钮,经过一段时间的检查,软件将检查出来的潜在问题罗列在左侧的"问题"窗格中,如图 6-2 所示。

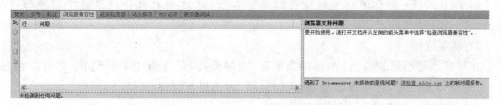

图 6-2　浏览器兼容性检查

(4) 一般在每个问题的左侧都有一个填充图,表示当前错误发生的可能性,四分之一填充的圆表示可能发生,完全填充表示非常有可能发生,检查出来的潜在问题,系统将快速定位到该问题所在位置,以便修改。

2. 链接的测试

在浏览网页时,通常会遇到"无法找到网页"的提示,出现此现象的原因一般是由于链接文件位置发生变化,文件被误删除或文件名拼写错误,为避免出现无效链接的尴尬,树立良好的网站形象,无论是发布前的本地测试,还是发布后的远程测试,都应该认真检查是否存在失效链接,以便及时修改。

1) 检查链接

Dreamweaver CS6 提供的"检查链接"功能可以检查当前打开的文件、本地站点的某部分或者整个本地站点中断开的链接和孤立文件,具体方法可以参考以下操作步骤。

113

（1）启动 Dreamweaver CS6，在"文件"面板的"站点"列表中选择需要检查链接的站点，如图 6-3 所示。

（2）在菜单栏中选择"窗口"→"结果"→"链接检查器"命令，可进入"结果"面板的"链接检查器"选项卡，单击面板左上角的绿色箭头，根据需要在弹出的二级菜单选择对应的选项，这里选择"检查整个当前本地站点的链接"选项，稍等片刻，即可看到本面板的检查结果，如图 6-4 所示。

在图 6-4 所示面板的"显示"下拉列表中可以选择要检查链接的类型。

① 断掉的链接：检查文档中是否存在掉线的链接，这是默认选项。

② 外部链接：检查站点中链接是否有效。

图 6-3　选择需要检查的链接

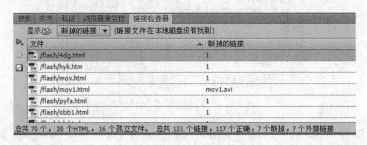

图 6-4　检查结果

③ 孤立文件：检查站点中是否存在孤立文件，此选项只有在检查整个站点时才被激活。

2）修复链接

在对站点进行链接检查后，可以直接在"链接检查器"面板中修复链接，也可以在"属性"面板中修复链接，这里以修复"断掉的链接"为例进行详解。

（1）在"链接检查器"面板中修复链接。

在"链接检查器"面板的"断掉的链接"列中，单击某个断开的链接，可以在"断掉的链接"列中直接输入正确的链接地址，或者单击链接地址旁边的文件夹图标，在弹出的对话框中选择正确的链接地址，如图 6-5 所示。

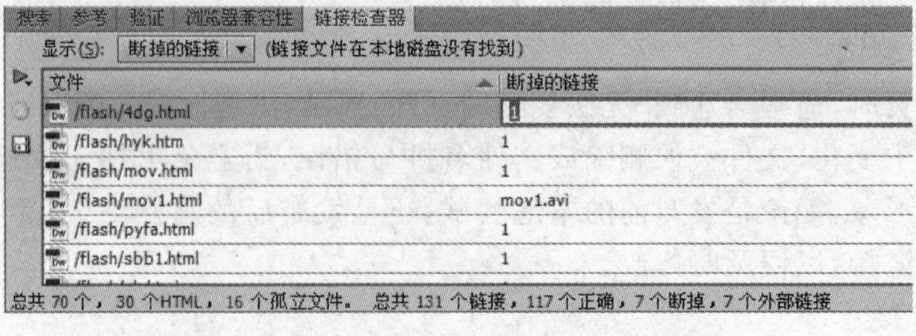

图 6-5　在"链接检查器"面板中修复链接

（2）在"属性"面板中修复链接。

在"链接检查器"面板中双击"文件"列中需要修复链接的文件名称,此时系统自动打开待修复链接所在的文档,并在"属性"面板中显示路径和文件名,如图 6-6 所示,在"链接"编辑框中直接输入正确的链接地址,或者单击该文本框右侧的文件夹图标,在弹出的对话框中选择正确的地址链接即可。

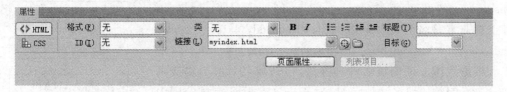

图 6-6　在"属性"面板中修复链接

3. 负载测试

负载测试是在某一负载级别下,检测网站的实际性能,即能允许多少个用户同时在线。可以通过相应的软件在一台客户机上模拟多个用户测试负载。

4. 压力测试

压力测试是测试系统的限制和故障恢复能力,即测试网站会不会崩溃。

6.1.2　安全性测试

安全性测试需要用相应的软件进行测试,对网站客户服务器的应用程序、数据、服务器、网络、防火墙等进行测试。

1. 基本测试

基本测试包括色彩的搭配、连接的正确性、导航的方便和正确、CSS 应用的统一性。

2. 技术测试

技术测试包括网站的安全性(服务器安全、脚本安全)、可能有的漏洞测试、攻击性测试、错误性测试。

6.2　上 传 站 点

网站制作完成后,需要上传至远端服务器,才能让用户浏览,另外在站点上传之前,需要在网上注册域名,并申请虚拟空间,最后借助软件将网站上传。

Internet 上的一个服务器或者网络系统的名字具有唯一性,即在全世界不会出现重复的域名。就如同商标一样,域名是用户在因特网上的标志之一。从技术上来讲,域名是用于解决地址对应问题的一种方法,它可以分为顶层、第二层、子域等。

网站要存在于 Internet 上,不仅需要一个用于访问网络的域名,还需有一个储存网站内容的空间。对于空间,现在免费的越来越少,大部分都是收费的,并且价格差别也较大,用户可以根据自己的需要选择合适的服务器和运营商。空间根据不同的要求,分为静态网页空间和动态网页空间,前者可以存储普通的 HTML 页面,后者可以储存 ASP、JSP

等采用服务器技术的网页。

1. 注册域名

域名(Domain name)由一串用点分割的字符组成,在全世界具有唯一性。国内有许多正

规域名的大型域名申请机构,如新网(http://www.xinnet.com/)、万网(http://www.net.cn/)、新网互联(http://www.dns.com.cn/)和 35 互联(http://www.35.com/)等;同样,国外也有非常著名的域名申请机构,如 godaddy(http://www.gadaddy.com/)、enom(http://www.enom.com/)等。

根据我国互联网域名管理办法,申请域名者应当提交真实、准确、完整的域名注册信息,对于未实名验证审核的国内域名,域名提供机构将暂停域名的解析功能,国内中英文注册一般流程,如图 6-7 所示。

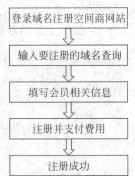

登录域名注册空间商网站

↓

输入要注册的域名查询

↓

填写会员相关信息

↓

注册并支付费用

↓

注册成功

图 6-7 注册域名的一般流程

下面演示域名注册的具体过程。

(1) 第一步登录域名注册空间商网站(此处为 http://www.net.cn/),如图 6-8 所示。

图 6-8 登录域名注册商网站

(2) 在域名查询处,输入想要注册的域名,如 www.jpkc.com 只需要输入 jpkc,然后在下方后缀处选择想要注册的后缀即可,支持同时查询多种后缀。

(3) 输入后,单击"查询"按钮,进入查询结果页面,如图 6-9 所示。

图 6-9 查询结果页面

(4) 单击"加入购物车"按钮,弹出如图 6-10 所示对话框,确认信息。

(5) 单击"立即结算"按钮,然后跳转到注册会员界面,如图 6-11 所示。如果已经为会员,填入会员账号、密码、验证码,单击"登录"按钮,弹出如图 6-12 所示对话框。如果还未注册,请选择"免费注册"即可注册一个新会员,根据提示填入相关信息,如图 6-13 所示。

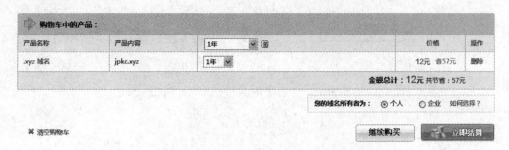

购物车中的产品：				
产品名称	产品内容	1年 ▾ ⑦	价格	操作
.xyz 域名	jpkc.xyz	1年 ▾	12元 省57元	删除
			金额总计：12元 共节省：57元	

您的域名所有者为：◉ 个人　　◯ 企业　如何选择？

✖ 清空购物车　　　　　　　　　　　　　　　　 继续购买　　 立即结算

图 6-10　在线付款

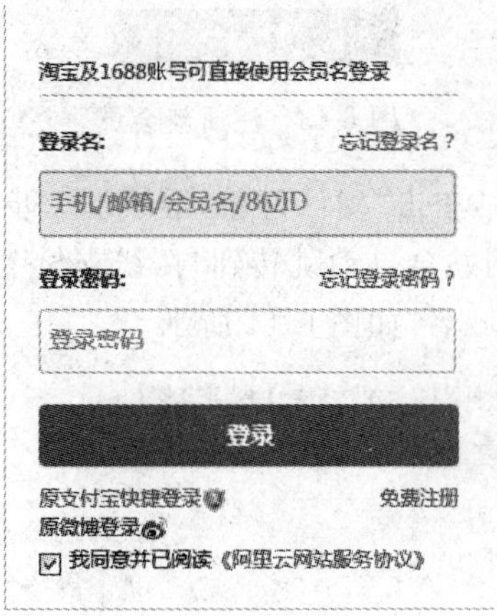

淘宝及1688账号可直接使用会员名登录

登录名：　　　　　　忘记登录名？

手机/邮箱/会员名/8位ID

登录密码：　　　　　　忘记登录密码？

登录密码

登录

原支付宝快捷登录 Ⓐ　　　　免费注册
原微博登录 ⑥
☑ 我同意并已阅读《阿里云网站服务协议》

图 6-11　会员验证页面

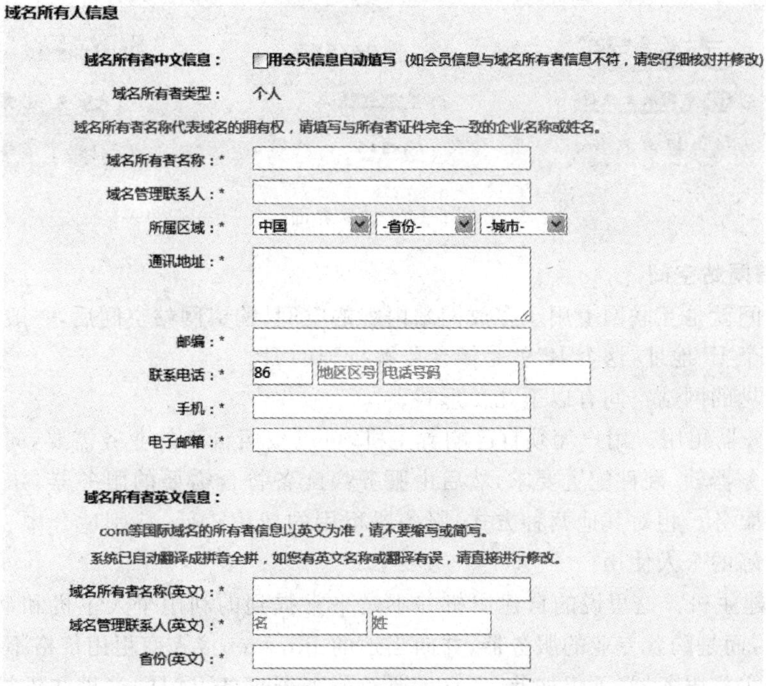

域名所有人信息

域名所有者中文信息：　☐ 用会员信息自动填写（如会员信息与域名所有者信息不符，请您仔细核对并修改）

域名所有者类型：　个人

域名所有者名称代表域名的拥有权，请填写与所有者证件完全一致的企业名称或姓名。

域名所有者名称：*　[　　　　　]

域名管理联系人：*　[　　　　　]

所属区域：*　[中国 ▾]　[-省份- ▾]　[-城市- ▾]

通讯地址：*　[　　　　　]

邮编：*　[　　　　　]

联系电话：*　[86]　[地区区号][电话号码]　[　]

手机：*　[　　　　　]

电子邮箱：*　[　　　　　]

域名所有者英文信息：

com等国际域名的所有者信息以英文为准，请不要缩写或简写。

系统已自动翻译成拼音全拼，如您有英文名称或翻译有误，请直接进行修改。

域名所有者名称(英文)：*　[　　　　　]

域名管理联系人(英文)：*　[名]　[姓]

省份(英文)：*　[　　　　　]

图 6-12　填写信息

117

图 6-13 注册新会员

(6) 所有信息提交完成后,单击"确认订单,继续下一步"按钮,提交完成后,会提示下单结果,然后进入付款界面,网站会自动跳转到"在线支付"页面,通过支付宝,或者各大银行网银付款后,即可成功购买域名,如图 6-14 所示。

图 6-14 付款界面

2. 申请网站空间

网站空间就是互联网上用于存放网站内容的空间,购买网站空间后,一般注册商会给空间分配一个 IP 地址,这个 IP 就是域名要解析到的 IP。

目前常见的网站空间有以下几种形式。

(1) 服务器租用。用户无须自己购置主机,可以按照自己的业务需要,向 Internet 服务商提出服务器软、硬件配置要求,然后由服务商配备符合需要的服务器,并提供相关的管理和维护服务。相对其他两种方式,服务器租用的费用较低,特别适合中、小企业和经济基础比较好的个人使用。

(2) 自建主机。这里说的自建主机并不是平常提到的利用个人主机和动态 IP 架设网站的方式,而是购置专业的服务器,并向当地的 Internet 接入商租用价格不菲的专线来建立独立的主机服务器,不仅如此,而且还要给服务器配备专门的管理和维护人员,因为费用昂贵,这种方式适合一些有实力的大、中型企业和专门的 ISP。

（3）服务器托管。与自建主机方式不同的是，自己购置服务器之后，托付给专门的 Internet 服务商，由他们负责进行 Internet 接入、服务器硬件管理和维护，只需要按年支付给接入商一定的服务器托管费用就可以了。这种方式费用稍贵，适合一些中、小型企业和 ISP 使用。

（4）免费空间。这是网站建设初学者最钟情的一种方式，不过因为是免费的，在使用过程中会受到很多限制。

（5）虚拟主机。这是目前最常用的网站空间方式，它采用特殊的硬件技术，把一台 Internet 上的服务器主机分成多个"虚拟"的主机，供多个用户共同使用，每一台虚拟主机都具有独立的域名和 IP 地址。

3. 上传站点

站点上传后，及时将通过测试后的网页复制到远程 Web 服务器，这样访问者才能通过浏览器浏览存储于服务器上的网页。上传站点时，一般是使用 FTP 软件连接到 Internet 服务器，然后进行上传。当然也可以通过 Dreamweaver CS6 的站点管理器进行上传。

6.3　管 理 站 点

网站在上传到 Internet 的 Web 服务器上以后，可以根据站点的实际情况对其进行管理和控制。可以将本地站点结构复制到远程站点上，也可以将远程站点结构复制到本地系统中。当在本地站点创建了链接关系并链接到远程站点后，就可以向远程站点传递文件，因为两个站点的结构是完全相同的。

在 Dreamweaver CS6 中，选择"站点"→"管理站点"命令，将弹出"管理站点"对话框，如图 6-15 所示。在该对话框中可以非常方便地执行管理站点操作。

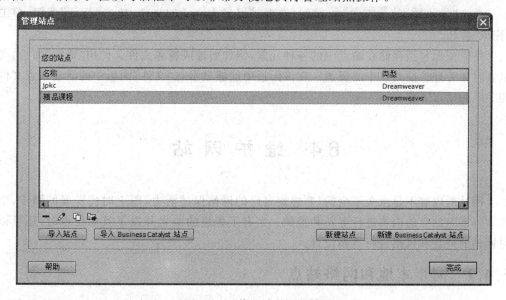

图 6-15　"管理站点"对话框

6.3.1 编辑站点

从上方站点列表中选择要编辑的站点,单击"编辑"按钮 ✐ ,在"站点设置对象"对话框中对本地站点进行编辑修改,单击"保存"按钮。

6.3.2 复制站点

如果想创建多个结构相同或相似的站点,可以利用站点的可复制性进行操作,可以从一个基站点中复制出多个相同结构的站点,然后根据需要分别针对站点进行编辑,以达到快速创建站点的目的。选择要复制的站点,单击"保存" ⬚ 按钮。

6.3.3 删除站点

选择要删除的站点,单击"删除" ▬ 按钮。

注意:将站点从站点列表中删除后,只是站点名称从站点列表中删除了,但站点中的所有文件还存在于本地磁盘中。即这种删除只是删除了站点文件与 Dreamweaver CS6 之间的链接,并没有真正删除站点文件。

6.3.4 导出站点

导出站点可以将站点信息以 .ste 扩展名的格式导出,这样用户就可以在各个计算机和软件版本之间移动站点,或与其他用户共享。

选择要导出的站点,单击"导出" ⬓ 按钮,在"导出站点"对话框中设置"保存位置"和"文件名",单击"保存"按钮。

6.3.5 导入站点

单击"导入站点" ▢导入站点 按钮,选择扩展名为 .ste 的文件,单击"打开"按钮,单击"完成"按钮。

站点资源包括存储在站点中的各种元素,例如图像或视频文件。使用"资源"面板,可以查看和管理当前站点中的资源。在该面板中能够显示与"文件"面板中的活动站点文件相关联的站点资源。

6.4 维 护 网 站

网站的内容不是永久不变的,要想使自己的网站保持活力,跟上时代发展的脚步,就必须经常对站点的内容进行更新和维护。当有了先进的网页开发工具和技术时,还可以对网站的外观和风格进行重新设计。

6.4.1 同步本地和网络站点

在完成 Dreamweaver CS6 站点的创建工作,并将本地站点内的站点文件上传至 Web

服务器上后,可以利用 Dreamweaver CS6 的同步功能在远程和本地站点之间进行文件同步,既可以更新某一个页面,也可以更新整个站点。

6.4.2　标识和删除未使用的文件

在使用 Dreamweaver CS6 对站点进行维护的过程中,可以利用软件的链接检查功能标识并删除站点中其他不再使用的文件。

6.4.3　站点管理地图

在 Dreamweaver CS6 中,使用站点地图可以用图形的方式查看站点结构,显示网页之间的链接关系。通过站点地图,可以向站点中添加新文件以及添加、修改或删除链接等。

6.4.4　在设计备注中管理站点信息

设计备注是 Dreamweaver CS6 中与站点文件相关联的备注,它存储于独立的文件中,可以使用设计备注记录与文档关联的其他文件信息,例如图像源文件名称和文件状态说明。

6.4.5　上传和下载

在完成 Dreamweaver CS6 站点的规划与创建工作后,不仅可以对本地站点进行操作,也可以对远程站点进行操作。单击“文件”→“上传文件”和“文件”→“获取文件”,可以将本地文件夹中的文件上传到远程站点,也可以将远程站点上的文件下载到本地文件夹。

6.4.6　存回和取出系统

随着站点规模的不断扩大,对站点的维护也变得非常困难,要想一个人维护站点几乎是不可能的,这时就需要多人共同协作维护,并且为了确保一个文件在同一时刻只能由一个人对其进行修改和编辑,就需要借助于 Dreamweaver CS6 的存回和取出功能。

6.5　宣传网站

宣传网站就是通过对企业网络营销站点的宣传,吸引用户访问,同时树立企业网上品牌形象,为实现企业的营销目标打下坚实的基础,站点推广是一个系统性的工作,与企业营销目标是一致的。网络营销站点作为企业在网上市场营销活动的阵地,能否吸引大量流量是企业开展网络营销成败的关键,也是网络营销的基础。

6.5.1　友情链接

最好能链接一些流量比自己高、有知名度、和自己内容互补的网站或同类网站,同类网站要保证自己网站的内容质量要有特点,并且可以吸引人。网站不要光求美观,特别是商业网站,一定要使用第一,技术、美观等次之。

6.5.2　搜索引擎登录排名

搜索引擎给网站带来的流量将越来越大,可以根据相关规律,优化自己的网站,做一些详细的策略,如标题设置、标签设置、内容排版设计等。

6.5.3　网络广告的投放

网络广告投放虽然要花钱,但是给网站带来的流量却是很可观的,不过如何花最少的钱,获得最好的效果,就需要许多技巧了。

6.5.4　邮件广告

广告邮件目前大多都成了垃圾邮件,主要的原因是邮件地址的选择、邮件设计等原因,广告邮件要设计的让人喜欢。

6.5.5　BBS 宣传

BBS 宣传虽然花费精力,但是效果非常好。网络营销,细节制胜,网站推广,全面出击。

6.5.6　参加各种广告交换组织

如××链、××排行榜等,如果有自己的主页,或者已经设置了个性化网站,就可以到各种免费广告链接注册,把注册后的代码加到主页,而该主页地址也会出现在其他会员的主页上,与相关网站做友情链接。目前许多网站都有宣传的积极性,因此大多数站点都愿意与别人的主页做友情链接,在他们的主页上都有专门提供友情链接的地方,只要主动在自己的主页上先给他们的网站做一个友情链接,然后再发一封邮件给他们站点的管理员,请求将自己的网站也加到他们站点的相关链接里即可。这种互惠互利的协作方式也能达到宣传网站的目的。不过这里要注意的一点是,在选择要相互链接的站点时,应考虑该网站的知名度以及性质和主题是否适合交换。

6.6　项目:某高校精品课程网站——站点测试并上传

6.6.1　项目描述

在第 2 章中已经创建好了名为"精品课程"的站点,在第 5 章中增加了某高校精品课程页面的库和模板的应用,现在可以对网站进行测试和上传了。

6.6.2　项目分析

网站的测试主要包括检查浏览器兼容性、清理 HTML 标签以及链接的测试,在上传网站之前,还需要在网上注册域名,并申请虚拟空间,最后再利用相关软件将站点"精品课程"上传至服务器并进行发布。

6.6.3 项目实施

1. 测试站点"精品课程"

(1)启动 Dreamweaver CS6,在"文件"面板中选择需要检查链接的站点"精品课程"。

(2)在菜单栏中选择"窗口"→"结果"→"链接检查器"命令,进入"结果"面板的"链接检查器"选项卡内,单击面板左上角的绿色箭头,根据需要在弹出的二级菜单中选择对应选项,这里选择"检查整个当前本地站点的链接",稍等片刻后,即在面板中看到检查结果,如图 6-16 所示。

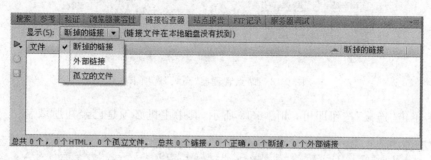

图 6-16 检查结果

2. 上传站点

(1)使用 Filezilla 软件上传站点。

(2)选择"文件"→"站点管理器"命令,或按 Ctrl+S4 组合键进入站点管理器,如图 6-17 和图 6-18 所示,选择要连接的 FTP 服务器。

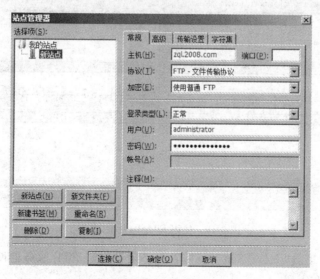

图 6-17 站点管理器"常规"选项卡

123

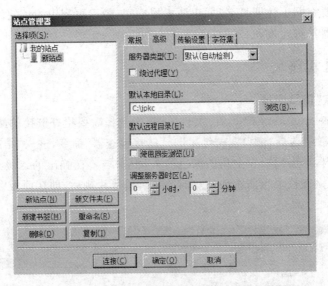

图 6-18 站点管理器"高级"选项卡

(3) 单击"连接"按钮即可,如图 6-19 所示,其中主机必须是已经注册域名。

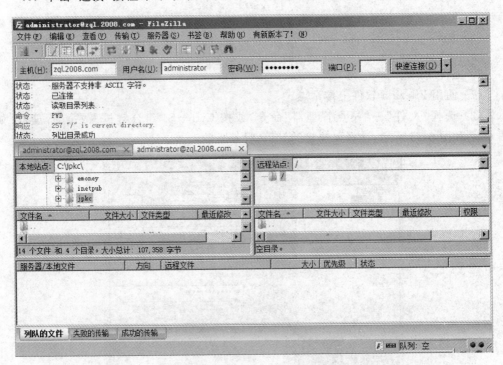

图 6-19 使用 Filezilla 上传站点

要使用 FTP 工具"上传/下载"文件,首先必须设定好 FTP 服务器网址(IP 地址)、授权访问的用户名和密码。

6.6.4　项目总结

本项目是在前面章节中创建好站点及主页后,对该站点测试正常后,利用相关软件进行站点的发布。希望通过本项目的学习,读者能够掌握站点的测试及发布的方法。

习　题　6

一、填空题

1. 在 Dreamweaver CS6 中,_____面板提供了通过页面显示和操作数据库数据的命令。

2. Dreamweaver CS6 提供将本地站点发布到 Internet 上的方法是_____。

3. 在 Dreamweaver CS6 中,通过_____可以检查各页面元素的参数设置,也可以针对其中各个参数进行修改。

二、选择题

1. (　　)指的是站点的整体形象给浏览者的综合感受。

　　A. 风格　　　　　　B. 布局　　　　　　C. CI 形象　　　　　D. 栏目

2. 在 Dreamweaver CS6 中创建本地站点是在(　　)中完成的。

　　A. 插入栏　　　　　B. 属性检查器　　　C. 行为面板　　　　D. 站点面板

三、简答题

1. 测试站点包括哪些内容?

2. 简单说明宣传网站的方法有哪些?

3. 简述网站的发布流程。

四、实践题

1. 在 C:\xxxy 目录下创建 www 文件夹,在文件夹中创建名称为 abc.htm 的主页,主页显示内容"信息工程学院网站"。

2. 测试并上传站点。

第 7 章　综合实例——学院某门精品课程网站设计与制作

本章结合了全书网页制作的内容,通过几个实例介绍使用 Dreamweaver CS6 制作网页的方法,例如网页的整体布局、对象行为和表单效果的应用、创建超链接等操作。在制作网页的过程中,可以综合、系统地回顾前面各章节所介绍的内容。

教学目标

1. 熟练掌握 Dreamweaver CS6 的相关操作。
2. 能够独立完成简单的策划和设计。
3. 能使用相关网页制作软件完成网站的制作和测试。
4. 能够完成域名和空间的申请,创建站点并将网站发布。

7.1　项 目 描 述

根据高职教育的发展需要,很多学校建立了自己的网站,这样不仅可以为学校宣传起到一定作用,也是对教学资源的一个整合,同时也是课程建设的必备条件。进行精品课网站策划,主要工作包括对网站进行分析,和相关技术人员讨论,确定网站的目的和功能,然后据此对网站建设中的技术、内容、测试、维护、人员等做出规划。

本项目以被评为精品课程的一门课程网站为例,从网站策划、制作、测试到上传,详细介绍了网站建设的基本思路和流程。通过本项目的学习,可以使我们从理论上升到实践,同时提高网页制作水平的综合能力。

7.2　项 目 分 析

精品课程网站的设计没有固定模式。制作精品课程网站首先要了解需求,确定创建网站的目的及意义,满足其实用性和易用性的要求;确立网站的结构和导航,网站的主色调和配色。针对精品课程网站的要求做好网站策划方案,对网站的风格、栏目、功能模块等进行设计。

网站风格:色调统一、协调,彰显课程特色。

栏目设计:符合精品课程建设的要求。

功能设计：要求页面布局清晰、图文并茂，首页体现课程特色及主要亮点，便于浏览者访问。

根据网站制作要求，按照以下任务逐步完成网站建设。

7.3　项　目　实　施

7.3.1　网站策划

1. 了解需求

刚从客户手里接单时，很少有客户准确地告诉设计者，需要怎样的网站，因为客户一般都只有一个大致方向，而具体的内容需要设计者和客户方进行沟通了解。接单设计者通过和精品课程负责人进行沟通交流，获得下面的需求信息。

1）建设网站的目的

（1）促进课程建设与改革。

随着计算机技术、网络技术和远程教育事业的高速发展，在现代教学过程中，知识的传授方式也随之改变。学院教师在教学过程中积累了丰富的教学资源，为了更好地实现课程资源的共享，提高教师的教学效率和学生的自主学习能力，特进行"精品课程"网站的开发和建设。

（2）进行专家评选。

进行精品课网站建设，专家可以不受时间和地点的限制，随时随地进行精品课的评选，体现了现代教育手段的优越性。

2）网站的用户群

网站用户群是以教师、学生、评审专家为主，还有从事教育工作的相关人员。

3）网站需要哪些栏目

网站栏目可按照国家级精品课的评审要求设置。

4）用什么技术实现

申报网站只需要静态的页面；课程网站需要动态程序。

5）网站设计的要求

颜色方面要体现艺术气息，不要太花哨，还要体现教育特色，要时尚、大气。

6）后期的维护和更新要求

需要设计公司维护。

2. 学习相关资料

在接到网站任务后，要从客户方获取相关资料，对资料进行分析研究，学习网站建设文件，这样设计才有依据，作品才能符合用户要求，也才能通过网站准确地传播信息。

除此之外，还可以访问同类高职院校精品课网站，了解行业知识，取其精华，弃其糟粕，从实际形式到内容都可以借鉴，从而进一步明确网站的主题。

3. 写出网站规划书

学院某门精品课程网站策划书包括下面几部分。

1) 市场分析

经过调研,查看高职精品课建设文件,浏览相关精品课网站以及查看相关精品课申报文件等一系列活动,发现"精品课"网站建设是高校建设的一个重要组成部分,对课程建设及资源整合有很大帮助。到目前为止,该院有省级精品课 3 门。

2) 网站建设的目的及功能定位

从 2003 年 4 月开始,精品课作为《质量工程》的先期启动项目,在全国范围内开展各高校的精品课程建设;旨在通过精品课程建设,推动优质教育资源的共享,使学生得到最好的教育,从而全面提高教学质量。

开发具有针对性的精品课程网站对于教师来说,可以提供优质教学资源的共享,使教学经验不足的教师也可以通过精品课程网站获得全面的、经过系统设计的教学资源,使不同教学水平的教师的授课效果均趋于优秀;对于授课过程来说,学生可以直接下载资源,不用通过 U 盘或其他方式传播教学资料,提高了教学效率,还可以模糊课上和课下的界限,持续性地进行自主学习;对于学院和系部来说,降低了培养新教师的培训成本,提高了培训效率。

3) 网站所使用的技术

(1) 服务器操作系统为 Windows Server 2008。

(2) 使用 Photoshop 进行效果图设计。

(3) 使用 Dreamweaver CS6 进行网站开发。

(4) 使用 Flash 等工具完成动画设计。

4) 网站内容及实现方式

首页页面内容包括教师风采、课程简介、申报表、课程介绍、教学录像。

二级页面导航包括课程首页、课程设置、教学内容、教学效果、教学队伍、教学方法与手段、实践教学、特色与创新。

实现方式:为增加浏览速度,首页不放视频,主要以文字搭配图片和 Flash 动画的方式显示。

5) 整体设计

(1) 在 banner 上添加学院校标。

(2) 网页颜色主要以浅灰和红色为主。

(3) 在页面中设置能体现课程特色的栏目,如教师风采课程简介、申报表、课程介绍、教学录像等。

6) 费用预算

基本设计及建设费用:人民币 2000 元。

空间费用:使用学院内部服务器。

域名:使用学院域名下的二级域名。

7) 网站测试和发布

(1) 网站测试。

网站发布前要进行细致周密的测试,以保证发布后的正常使用。网站测试内容包括下面几项。

① 服务器的稳定性和安全性。

② 文字、图片链接是否有空链接和错误链接。

③ 不同浏览器的兼容性。用户可以使用 Web 浏览器,把设计和制作完成的 Web 网站从主页开始,逐页进行检查,以保证所有的 Web 网页都有不错的外观,而且没有任何错误。

④ 在不同的分辨率设置下进行测试。常用的计算机屏幕分辨率有 640×480、800×600 及 1024×768,要测试在不同分辨率下的显示效果。

(2)网站发布。

本例是在内网服务器上进行网站的发布。如需保证服务的稳定性,可申请外网服务器及域名。

8)网站建设日程表

网站建设日程表如表 7-1 所示。

表 7-1 网站建设日程表

工 作 任 务	完 成 时 间	负责人	验 收 时 间	修改意见	备注
网站策划书	2012 年 8 月 1 日至 8 月 5 日	××	2012 年 8 月 6 日		
网站效果图	2012 年 8 月 6 日至 8 月 20 日	××	2012 年 8 月 21 日		
网站制作	2012 年 8 月 21 日至 9 月 1 日	××	2012 年 9 月 2 日		
网站修改	2012 年 9 月 2 日至 9 月 10 日	××	2012 年 9 月 11 日		
网站测试	2012 年 9 月 11 日至 9 月 15 日	××	2012 年 9 月 16 日		
网站发布	2012 年 9 月 16 日至 10 月 1 日	××	2012 年 10 月 2 日		

此表为计划表,若有变动要及时进行调整、更新。

7.3.2 制作首页及二级页面效果图

制作首页时,不仅要考虑课程的内容,还要考虑放一些有学院特色的元素,如校标,要将最重要、最有特色的内容展示在首页,如图 7-1 所示。

图 7-1 首页效果

129

在制作二级页面时,banner 部分可以作为模板,而其他部分要根据具体内容具体设计,效果如图 7-2 所示。

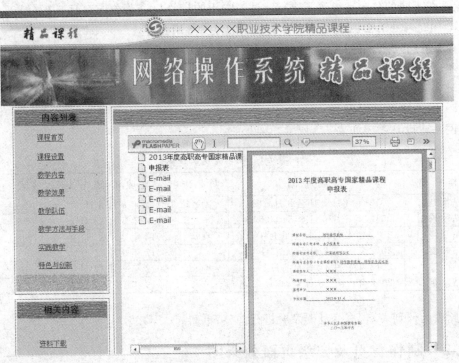

图 7-2 二级页面效果图

1. 制作首页效果图

效果图经客户审核没有问题后即可进行切割,具体操作可参考以下步骤。

(1) 将首页效果图中的大段文字及动画效果部分进行隐藏,如图 7-3 所示。

图 7-3 首页隐藏文字效果图

（2）使用 Photoshop 切片工具分割图像，以区块、栏目为依据进行分割，效果如图 7-4 所示。

图 7-4　首页切割效果图

（3）分割完毕后，在菜单栏中选择"文件"→"存储为 Web 所用格式"命令，如图 7-5 所示。

图 7-5　选择菜单命令

（4）打开"存储为 Web 所用格式"对话框，参照图 7-6 所示设置各项信息。

（5）单击"存储"按钮，打开"将优化结果存储为"对话框，参照图 7-6 所示进行设置，然后单击"保存"按钮（此处为 zhuye.html），如图 7-7 所示。

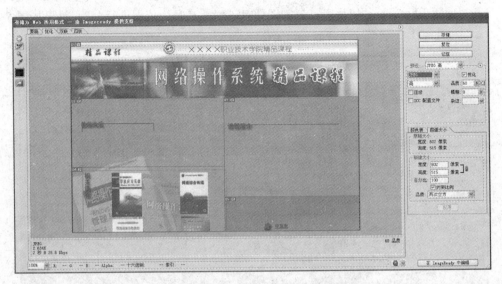

图 7-6　设置存储信息

（6）打开提示框，单击"好"按钮，保存文件，如图 7-8 所示。

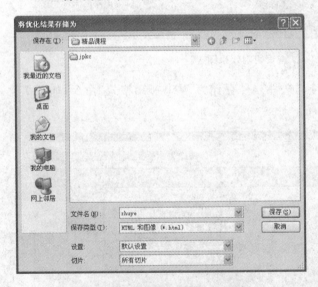

图 7-7　"将优化结果存储为"对话框　　　　　　　　图 7-8　提示框

　　在保存文件的路径下找到 images 文件夹，其中保存了分割好的图片区块图，后面将使用这些图像在 Dreamweaver CS6 中完成背景及插入图片的操作。

2．制作二级页面效果图

　　效果图经客户审核没有问题后即可进行切割，具体操作可参考以下步骤。

　　（1）将二级页面效果图中的大段文字及动画效果部分进行隐藏，如图 7-9 所示。

　　（2）使用 Photoshop 切片工具分割图像，以区块、栏目为依据进行分割，效果如图 7-10 所示。

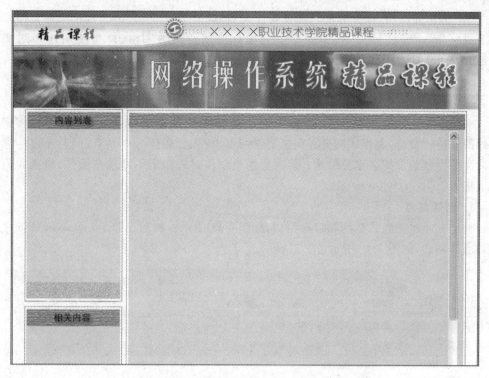

图 7-9　二级页面隐藏文字效果图

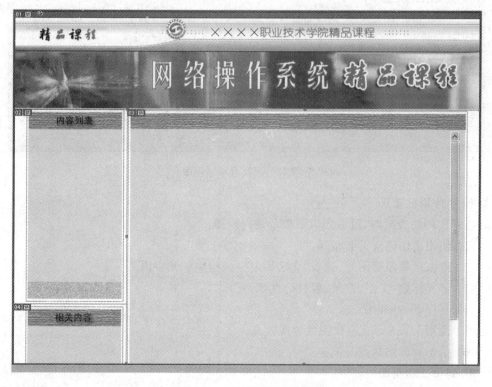

图 7-10　二级页面切割效果图

(3) 分割完毕后,保存方法同首页操作类似(此处为 zhuye1.html),在保存文件的路径下找到 images 文件夹,其中保存了分割好的图片区块图,同样将使用这些图像在 Dreamweaver CS6 中完成背景及插入图片的操作。

7.3.3　网站制作

本任务在完成网站效果图的基础上进行网站制作,即使用 Dreamweaver 软件将切割好的图片进行整合,制作成网页。而要制作网页,首先要创建一个站点,同时还要注意站点内文件存储的常用名称及结构;其次要注意制作过程中的一些细节操作,包括如何应用表格等。

1. 创建站点

首先在本地磁盘构建网站目录结构,如图 7-11 所示。然后在 Dreamweaver CS6 中完成站点的创建,如图 7-12 所示。

图 7-11　网站目录结构图

2. 制作网站首页

在制作网站首页时,可参照以下提示进行操作。

(1) 使用表格完成页面布局。

(2) 依据效果图将图片、背景、文字等定位到相应单元格内。

(3) 定义标题、文字、背景、版权信息等。

(4) 制作 Flash 导航。

(5) 使用 JavaScript 制作图片轮换效果。

(6) 给图片添加热点及链接。

3. 制作二级页面

在制作二级页面时,可参考以下制作要点。

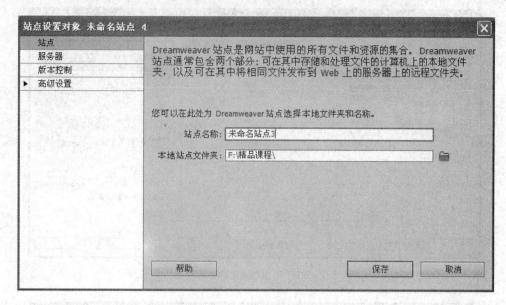

图 7-12 创建站点

1）制作二级页面模板

（1）创建模板。打开要作为模板使用的文档（此处为 zhuye1.html），在菜单栏中选择
"文件"→"另存为模板"命令。打开"另存模板"对话框，如图 7-13 所示。

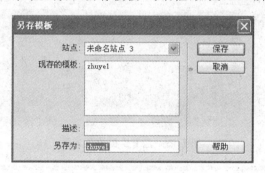

图 7-13 "另存模板"对话框

（2）在对话框的"站点"下拉列表中选择站点"精品课程"，在"另存为"文本框中输
入模板名称 zhuye1，单击"保存"按钮，即可将当前页面保存为用于创建其他页面的
模板。

（3）要创建基于模板的新文档，选择"文件"→"新建"命令，打开"新建文档"对话框，
单击"模板中的页"选项，打开该选项对话框，如图 7-14 所示。

（4）单击"创建"按钮，即可在文档窗口中打开一个基于模板的新页面，在该页面中可
以创建新的文档，如图 7-15 所示。

（5）创建可编辑区域，即进入模板编辑状态，在该文档中，选择导航条右方的文本区
域所在单元格，如图 7-16 所示。

135

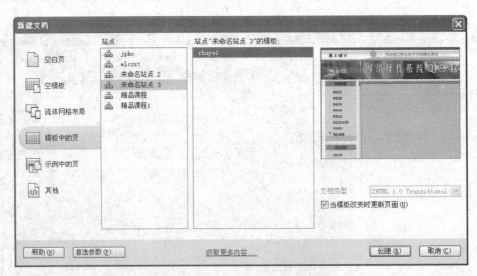

图 7-14 "新建文档"对话框

图 7-15 基于模板的新页面

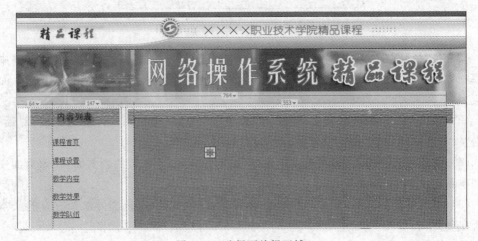

图 7-16 选择可编辑区域

（6）在菜单栏中选择"插入"→"模板对象"→
"可编辑区域"命令，打开"新建可编辑区域"对话
框，如图 7-17 所示。

（7）在对话框的"名称"编辑框中输入可编辑
区域名称 content，单击"确定"按钮，就可以在模
板中新创建一个可编辑区域，如图 7-18 所示。

（8）按 Ctrl＋S 组合键保存文档。

图 7-17　"新建可编辑区域"对话框

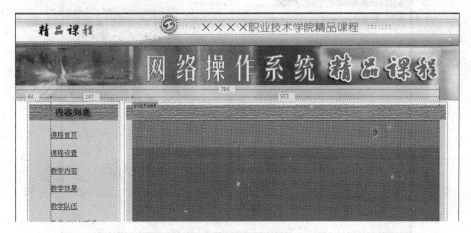

图 7-18　新创建的编辑区域

2）利用模板制作二级页面

利用模板制作二级栏目对应的页面，在可编辑区域添加对应的内容。

7.3.4　网站测试

本任务是在完成网站制作后进行必要的检测，主要对浏览器的兼容性和网页的链接
进行测试，这样可以保证网站在不同浏览器上正常显示，同时还可对存在的错误链接进行
纠错。

1. 浏览器兼容性测试

打开要检查的网页文档，在菜单栏中选择"文件"→"检查页"→"浏览器兼容性"命令，
对网页进行检查。

2. 网页链接测试

在浏览器中预览网页，逐个单击网页上的链接，查看是否有链接错误或空链接。

7.3.5　网站发布

在网站测试无误后可通过 Dreamweaver CS6 软件发布网站。另外，要发布网站，就
必须要提前申请好空间和域名。

1. 申请域名

在申请域名之前，首先需要进行域名的查询和选取。在此，通过虚拟机配置获取虚拟
域名。

137

（1）启动虚拟机 Oracle Vm VirtualBox Manager，打开 Windows Server 2008 镜像，如图 7-19 所示。安装 DNS 服务。

图 7-19　虚拟机中 Windows Server 2008 镜像

① 在控制台树中，展开相应的 DNS 服务器。

② 右击"正向查找区域"，然后在弹出菜单中单击"新建区域"，如图 7-20 所示。

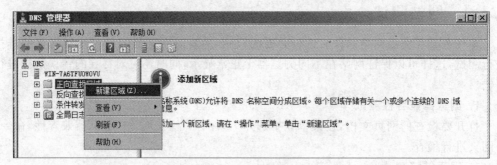

图 7-20　新建区域

③ 在"新建区域向导"的欢迎页中，单击"下一步"按钮。

④ 在"区域类型"页中，选取"标准主要区域"，然后单击"下一步"按钮。

⑤ 在"区域名"页的"名称"框中，输入新建区域的名称 2008.com。

⑥ 在接下来出现的画面中，单击"完成"按钮。此时，在详细信息窗格中应能看到新建的正向查找区域。

（2）为了将指定的主机名与其 IP 地址的映射关系保存在现有的正向查找区域，应在该区域中添加主机资源记录。

在正向查找区域中添加一条主机资源记录的步骤如下。

① 在控制台树中,展开相应的 DNS 服务器,然后展开相应的"正向查找区域"。

② 右击相应的正向查找区域,然后在弹出菜单中单击"新建主机",如图 7-21 所示。

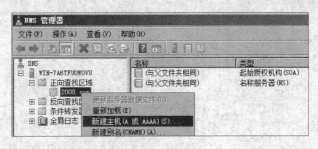

图 7-21　新建主机

③ 在"新建主机"对话框中配置 DNS 主机信息:在"名称"框中输入主机名称 zql,在 "IP 地址"框中输入该主机的 IP 地址 172.16.101.79,然后单击"添加主机"按钮,将主机记录添加到区域中,如图 7-22 所示。

④ 单击"完成"按钮。此时,在详细信息窗格中应能看到新建的主机。

⑤ 在某台 DNS 客户端进行如图 7-23 所示设置。

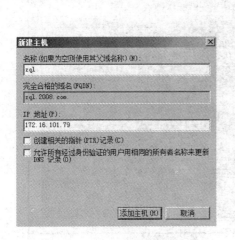

图 7-22　新建主机信息

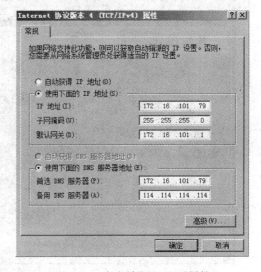

图 7-23　客户端"TCP/IP"属性

⑥ 若要测试这条主机记录,请在该台 DNS 客户端执行 ping 命令,即在命令提示符下输入 ping zql.2008.com,如图 7-24 所示。

2. 申请空间

域名申请成功后还要进行空间申请,可登录 http://www.net.cn 或 http://www.cndns.com 网站进行空间申请,申请后供应商会提供给用户一个账号和密码,将网站上传至指定服务器即可。上传成功后,在 IE 浏览器中输入 http://zql.2008.com/精品课程/jpkc/zhuye.html,即可看到如图 7-25 所示页面。

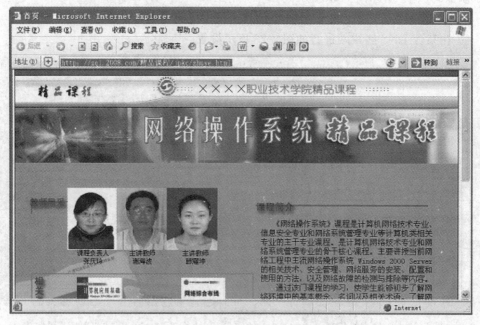

图 7-24　测试主机记录

图 7-25　某门精品课程网站

7.4　项目总结

　　本项目系统介绍了网站的整个建设过程,希望通过本项目的学习,读者能够独立完成网站效果图的制作、网站的规划和网站的策划、制作、测试及上传,并熟练掌握网站开发的整体流程。

140

习　题　7

2013 年,学院为了更好地搞好专业建设,为师生提供便捷的服务,特制作电子商务学院网站,要求制作的网站体现专业特色,内容丰富,页面效果好,秉承易用性和实用性的原则进行布局。

根据本项目所学内容进行策划、设计、制作和上传网站,具体要求包括以下几个方面。

1. 规划要求

导航栏目设置包括学院简介、专业建设、教学科研、师资队伍、党务工作、校企合作、评估信息、教学资源、就业信息。

(1) 学院简介:由学院提供资料。

(2) 专业建设:各专业提供专业简介及图片。

(3) 教学科研:各专业提供科研信息。

(4) 师资队伍:队伍结构及比例。

(5) 党务工作:活动、章程以及发展党员的流程等相关内容。

(6) 校企合作:各教研室提供校企合作名称及活动照片。

(7) 评估信息:院办提供。

(8) 教学资源:存放资源库建设情况,包括师生获奖成果。

(9) 就业信息:招聘及相关行业信息。

2. 设计要求

在网站建设中,可按照以下流程完成网站的设计制作。

(1) 进行网站需求分析。

(2) 制订网站策划书。

(3) 制作效果图。

(4) 网站制作。

(5) 网站测试。

(6) 网站上传。

3. 页面要求

学院对网页页面提出以下几点要求。

(1) 页面大小:页面宽度要求为 1000px,高度可根据内容设定,一般不超过一屏半。

(2) 链接要求:不允许有错误链接和空链接。

(3) 页面颜色:主色调为蓝色。

参 考 文 献

[1] 李永利,姚红玲.中文版 Dreamweaver CS6 网页制作案例教程[M].南京:江苏大学出版社,2014.

[2] 何东健.网页设计与 Web 编程[M].西安:西安交通大学出版社,2003.

[3] 王长友,王忠生.计算机网页设计与制作[M].北京:电子工业出版社,2006.

[4] 刘猛.Web 应用程序开发[M].北京:高等教育出版社,2004.

[5] 程伟渊.动态网页设计与制作实用教程[M].北京:水利水电出版社,2003.

[6] 赵增敏,张迪.Dreamweaver MX 动态网站设计[M].北京:机械工业出版社,2004.

[7] 刘瑞鑫,卢晓飞,李树东,等.网页设计与制作教程[M].北京:机械工业出版社,2003.

[8] 赵旭霞.网页设计与制作[M].北京:清华大学出版社,2013.

[9] 刘瑞新.网页设计与制作教程[M].4 版.北京:机械工业出版社,2009.

[10] 熊锡义.Dreamweaver 网页制作教程[M].北京:北京交通大学出版社,2011.

[11] 刘西杰.巧学巧用 Dreamweaver CS6 制作网页[M].北京:人民邮电出版社,2013.